U0016388

鄰居的植物諮商室

聊植物，談人生，
竟找到
最溫柔的撫慰

申惠雨——著

이웃집 식물상담소

林芳如——譯

全緣貫眾蕨 *Cyrtomium falcatum*

序——

給想與植物對話之人的邀請函

故鄉不在首爾的我，糊里糊塗地在二〇一五年搬到目前居住的社區。因為社區裡的老樹生長繁盛，加上遊樂區有許多小孩，所以我很快就挑好了房子。社區緊鄰著幼稚園到高中，所以四周有非常多的小朋友，讓人無法相信韓國的出生率很低。特別的是遊樂設施環繞著住宅，四面八方都有，因此孩子們有如麻雀的笑聲總是響徹四方。

第一次逛完社區一圈的那天，我心想，如果能在這裡成為我一直以來夢想的「鄰居植物學家」，那就太好了。就是那種你很容易在社區遇見的植物學家，在不用進實驗室工作的週末或休假日，閒坐在遊樂區裡，就會有人過來詢問關於植物的事。

可是，一想到要在我居住的社區著手做這件事，我卻又提不起勇氣。

「如果整個社區的小孩都認識我的話，不是有點麻煩嗎？」「該從哪裡、以什麼形式開始呢？」「無論男女老幼，任何人都可以參與比較好嗎？」我心中一直找不到這些問題的答案。在忙碌的日子裡，我仍舊是個在社區裡隱姓埋名的居民。

四年後的二〇一九年，我結束美國的研究員生活回到韓國，遇到了開設「植物諮商室」的契機。那是在通義洞的複合文化空間「保安藝術」（ART SPACE BOAN），我在赴美之前舉辦最後一次展覽的地方。保安的老闆喜愛植物，我再次應他之邀，和要好的作家一起在那裡辦展。雖然展覽的主題是跳蚤市場，但我不想賣東西，而是想擺個植物諮商攤位，免費替人諮商，我問老闆這樣能不能參加，結果他也很喜歡這個點子。在美國做研究的時候，我只遇過韓國人一次，所以一想到要跟韓國人見面大聊特聊植物，我就激動不已。於是，我就這樣不管三七二十一，開了第一間植物諮商室。

雖然開了植物諮商室，很開心見到許多人，但是我沒有機會遇到鄰居，所以還是覺得有點遺憾。我家附近山川環繞，我常常到處散步，觀察植物。有一次，我在溪邊觀察獨行菜的時候，某個散步的人走過來問我植物的名稱，我便告訴他。我只是跟他說了植物的名字，他卻真心誠意地感謝我，所以我常常想起那個人。雖然我至今在許多地方辦過植物相關的展覽和演講，但是從沒有一次選在我居住的社區舉辦，所以偶遇的鄰居提問令我很高興。

幸運的是，後來社區的某間藝廊邀請我辦展，我因此舉辦了名為「鄰居植物學家的邀請：觀賞春花」的展覽，也開了植物諮商室。我把在社區漫步時記錄下來的植物和一點一滴累積的想法呈現在展覽中，很高興能實現初衷，成為真正的「鄰居植物學家」。

就這樣，偶然開始的植物諮商室一直舉辦到二〇二一年。大部分都是在保安藝術的二樓「保安書房」進行，大約一個月免費辦一次。

如果有展覽或演講的話，我也會在活動場地開諮商室，從下午一點到五點，最久跟一個人諮商一小時。

不了解「植物諮商室」的人，會很好奇我們談了什麼植物的事，為什麼需要花那麼久的時間？通常，我和諮商者不僅會談到植物的相關知識，還會暢聊關於植物的任何事情。一個小時聊下來，彼此親近許多，甚至主題常常往意想不到的方向發展，例如人生、生活或是不特定的玩笑話等等。我們在對話中分享知識，尋找煩惱的解答。諮商者對植物有了認識，而我好像從各式各樣的諮商者身上學到人生的一課。

偶爾在不接受預約的日子裡，也會有跟植物毫無關聯且不感興趣的人路過，偶然進來坐下。我們聊著聊著，竟對彼此的故事感到驚訝，也深受觸動。這些故事如果只有我和諮商者聽過就消失，實在太可惜了，所以我有了出書的念頭，並和出版社簽約。我取得了諮商者的同意後進行錄音，並答應他們，如果故事收錄到書中，會致上一本贈書。

在植物諮商室進行的對話寫成文字以後，變成了五百九十頁的 A4 紙。如果內容原封不動放進書中，大概會變成百科全書那麼厚。我彙整了類似的提問和回答，也新寫了諮商當下沒有想到的答覆。其實所有的故事和諮商現場的氣氛都很寶貴，所以我想鉅細靡遺地收錄在書中，但很可惜無法那麼做。

除了談話之外，諮商時我還會安排一起觀察植物的時間，但是這部分很難在書中呈現，所以也是一個遺憾。諮商者學到了植物的神祕形態，愉快地離開，這只能當作是珍藏在我們心中的回憶。我在諮商室也碰過幾個半途不知道跑去哪裡的小朋友，因為當時聊的不是植物，小朋友就溜走了。但是我常常跟一起來的父母聊得哄堂大笑，那也是美好的回憶。

我的前一本著作《植物學家的筆記》屬於科普書。我一直以「沒有人會受傷的寫作」為創作目標。我認為最符合這個目標的文類是科學論文，因為那是僅以實驗和理論的客觀事實組成的文章。基於這樣的理由，剛開始寫《植物學家的筆記》時，我只想寫科學內容，所以跟出版社的負責人起了一點小爭執。他勸我在講述植物學的各篇章最後，寫些從中學到的事或值得思考的點來收尾，而我卻想盡量把個人的想法排除在外。結果書出版後，很多讀者都說喜歡各篇章結尾的安排。

儘管如此，加入個人經驗或想法的寫作方式依舊讓我很有壓力。以前我寫的大部分都是報告或論文，甚至明確劃清界線，認定自己並非職業作家。但是在這本書中我無法如此明確區分，因為除了科學性的內容，我能提供給諮商者的答覆大多是自己的想法和經驗。

我覺得自己還沒到能對人生煩惱給出好答覆的年紀，加上我也不是職業作家，所以很擔心思慮不周的表達會傷害到他人。這是我在寫這本書的時候，特別在意和煩惱的部分，希望溫暖又寬宏大量的讀者們多多包涵。

「植物諮商室」始於我有點荒謬的一個想法，竟然就這樣出版成書，令我十分激動。感謝奉善美編輯協助處理我的煩惱和固執，讓這本書誕生。

也要謝謝允許我辦展覽和植物諮商室，並免費提供美好空間的「保安藝術」老闆崔城宇。謝謝保安書房姜英熙老師和幫忙牽線的朴承妍策展人等保安的家人們。如果沒有前來植物諮商室的諮商者，這本書便無法問世。無論是告訴我故事無法收錄到書中的諮商者、準備出書前拜訪過的諮商者，以及所有在植物諮商室遇見的人，謝謝你們。

目次

第一章　從我們身邊的草綠之間發現的閃耀喜悅

第二章

心灰意冷的時候想去的地方

第三章

爲明天做準備的植物教我的事

第四章

守護珍貴瞬間的故事

植物諮商室的溫暖小故事

第一章

從我們身邊的草綠之間發現的閃耀喜悅

我的陪伴植物來自哪裡？

因為想聊聊關於植物的有趣經驗或哲學觀點等各種話題，所以我開了一間植物諮商室。但因為名字叫「植物諮商室」，所以有時也會被誤以為要有種植物或具備植物學知識才能跟我聊天。

不用預約的開放時段裡，即便我一邊攬客一邊說諮商免費，有些人也會因為沒有種植物而猶豫是否要進來坐下。雖然經過一個小時左右的長時間談話後，我們可以很自然地暢聊五花八門的話題，但是因為「植物諮商室」這個名稱，我還是很常被問到怎麼樣才能把植物養好。

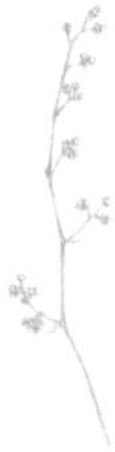

諮商者：我喜歡植物，但是好像很不會養植物。有時候會覺得是不是因為我懂的太少，才會常常養死植物。

諮商師：你種的是什麼植物呢？是種在陽台嗎？

諮商者：我拿照片給妳看。以前長得好好的，但是現在植物的狀態變得很糟糕。我也有很多小多肉（多肉植物），可是全死光了。這株仙人掌算是養很久了，不知道為什麼我家的仙人掌長長扁扁的。雖然目前還活著，但是狀態並不好。

諮商師：從照片看起來，我發現你種的是很容易在花店看到的植物。不過……你知道這些植物的正確名稱嗎？我不是說花店或園藝農場取的「愛情草」「開心樹」「金錢樹」「雨滴椒草」這種不正確的名稱，而是學術上種名準確的學名。還有，這個品種本來生長在哪裡、當地的環境又是如何，你找過這些資料嗎？

在韓國花店或花市販售的盆栽之中，出乎意料地幾乎看不到韓國本土植物。這是因為許多植物都是來自熱帶或沙漠般炎熱的地區，正好適合一整年種在溫暖的陽台。這類植物之中，葉片美麗可供人觀賞的，又稱作觀葉植物。事實上，觀葉植物的定義標準十分模糊，所以它不算是科學術語。

具代表性的龜背芋、垂榕、虎尾蘭全部都是熱帶植物，分別生長在墨西哥、印度、非洲。有多少人看過龜背芋、垂榕、虎尾蘭的花和果實？我問栽種觀葉植物的人是否看過該植物的花或果實，有些人說沒看過，有些人則吃驚地反問自己長期栽種的植物是會開花的嗎？

除了靠孢子繁殖的蕨類和苔類，我們種植的植物當然都會開花結果。龜背芋和垂榕在熱帶雨林會長到超過二十公尺高。

龜背芋的果實，味道就像混合了香蕉和鳳梨，外觀則類似玉米，我嘗過一次就始終忘不了那滋味。榕屬的垂榕會結出小無花果般的果實。還有，如果你看過虎尾蘭的纖細白花，應該就不會對無聊的葉片那麼歡欣鼓舞了。

我不會在陽台栽種植物。如果提到我是在研究植物的，大家都會期待我種了很多植物，但是我家沒有植物。雖然我會帶植物回家觀察，或是收到他人送的植物而暫時放在家裡，但是我盡可能不要在家裡種植物。學生時期，我讀到法頂禪師《無所有》中的蘭花故事之後深受啟發，心想不該栽種植物。那則故事說的是法頂禪師種植蘭花的時候，身心都被蘭花束縛住了。

我思考了何謂「擁有」，並下定決心不要種植物。從柬埔寨採集植物回來之後，這個想法變得更加堅定。研究生時期，我曾經去柬埔寨採集生長於熱帶雨林的蘭花。在原生地柬埔寨的熱帶雨林，我遇見了平時總是以花盆形式看到的洋蘭。

不過很蠢的是，我的第一個念頭竟是：「咦！是誰把花盆種在這裡嗎？」

因為我第一次看到的蘭花是種在韓國花店販售的花盆中，所以看到蘭花在原生故鄉長得如此高雅清麗的樣子，反而覺得很不自然。

在韓國以洋蘭之名販售的蘭花，其實大部分都不是來自西方。只是因為比韓國本土的溫帶地區蘭花更大、更豔麗，所以才稱作洋蘭。基本上那些蘭花都是原產地在中國南部地區或東南亞的熱帶蘭花。

從那之後，當我看到被引進韓國的外國植物種在花盆裡，我就覺得心疼，腦海常常浮現那些植物在棲息地美麗生長的模樣。植物在花盆中生長遲滯的樣子也讓我很難過，如果是在原故鄉的溫暖環境下，應該會長得很大才是。

開植物諮商室的時候，常常有人來問：「為什麼種在陽台的植物長得沒有以前好了？」這種時候我就會說，那些植物以前也沒有長得很好，只是生長遲滯，算是適當地長大而已。本來可以在強烈日照和高溫中長得碩大的植物，在不足的日照和不冷不熱的溫度下遲緩地成長，而且因為環境不適合，所以也不會開花結果。

所謂的觀葉植物，或許是經過美麗包裝的用語。

如果對自己種植的植物沒有基礎知識的話，就會常常發生悲劇。比如，熟人送花盆給剛開幕的店鋪當作賀禮，暈頭轉向的老闆只忙著顧店，店鋪角落裡的植物就會開始凋萎。直到有一天，老闆發現枯萎的植物，認為問題在於植物被擺在接收不到日照的室內，因此出於擔心而把植物放到店門口。到了冬天，這盆熱帶植物便撐不過冬季而凍死，只留下華麗的祝賀緞帶。

在社區閒逛的時候，也會碰到這種情況。有些人因為無法繼續照料或是太愛植物，而想把它種在大自然之中，於是把花盆裡的植物種在外頭。那些熱帶植物大概只能撐到秋天，冬天就會全部凍死。最近我在社區也看過美美地種在花壇裡的印度橡膠樹、石筆虎尾蘭和鵝掌藤。這種時候我會拍下照片，並在不久後的冬天哀悼死去的植物。

看著放在花盆裡生長遲滯的熱帶植物，我就會想，我們活著這件事不也是一樣的嗎？

如同在適合自己的位置長得又大又美的熱帶植物，我們也要待在各自適合的位置才能綻放花朵、結出好看的果實吧？

我一直很想問那些說很愛自己種的植物的人：

「你看過那個植物的花和果實嗎？」

「你知道那個植物的真正名稱和故鄉嗎？」

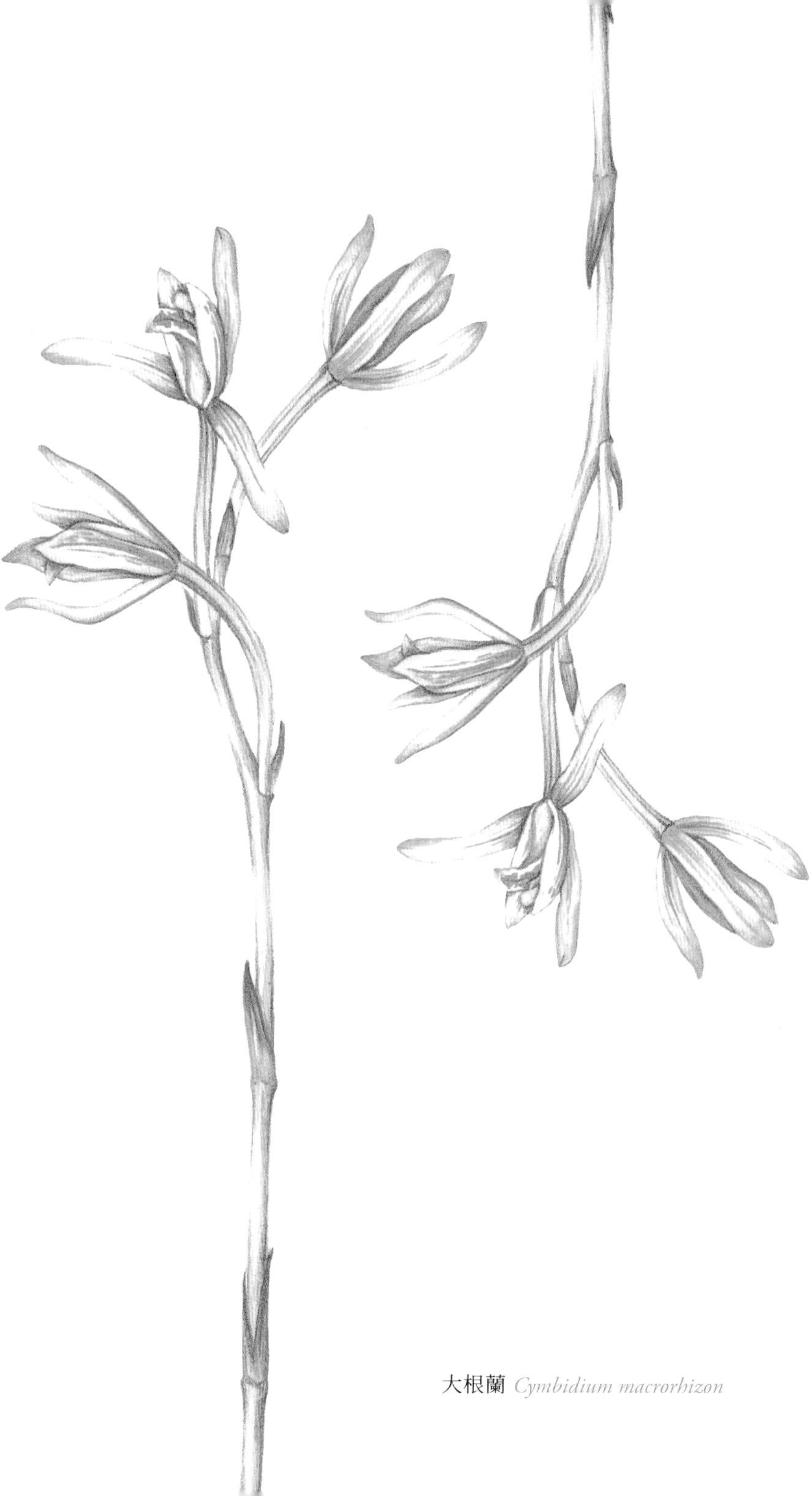

大根蘭 *Cymbidium macrorhizon*

覺得世界拋棄了我

「我以前主修景觀設計，現在忙著養兒子，所以沒有在工作。」

諮商預約時段滿檔的某個週六下午，最後一位諮商者坐了下來。從端莊的服飾、打理過的髮型，便能感受到對方高興又激動的心情。

這位主修景觀設計的諮商者說，她通過博士入學考試，要重新開始念書了。

我們聊到庭院設計的新點子，她熱情地詢問我關於植物分類學、植物生態學、植物繪畫，以及如何挑選植物圖鑑的問題。

以學生來說，她看起來似乎年紀大了些，而且也有孩子。這位諮商者小心翼翼地說起自己的故事。

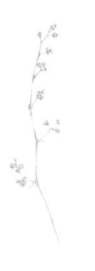

諮商者：我目前因為健康因素休學，去年被診斷出乳癌。

諮商師：那麼，現在都恢復健康了嗎？

諮商者：現在好很多了，頭髮也重新長出來了。

諮商師：應該很辛苦吧。

諮商者：去年夏天的時候，我總覺得「世界拋棄了我」。但是在最糟糕的瞬間，換個角度來看待自己的處境，我的想法就神奇地完全改觀了。幸好我得的是乳癌，不是其他癌症。幸好在轉移之前就發現，幸好我的身體還年輕健康，可以接受治療。最初那幾個月真的很辛苦。

我很辛苦，也害全家人跟著受苦。我還跟先生說過「都是因為你我才會得癌症！」「遇見你我才變成這樣的！」這種話。（笑）

諮商師：好像也包含了一點真心話哦？（笑）

諮商者：過了一段時間，慢慢恢復健康之後，我浮現了這樣的想法：「啊，是要我休息一下再出發的意思嗎？我不用過得這麼累也可以嗎？」所以今年我真的做了很多想做的事。我失去了一邊的乳房，但是卻獲得了更多。

這位諮商者大病一場，重新檢視自我之後，放下了許多身為人妻、人母對家務的壓力。她會一個人去濟州島旅行，悠閒地在附近散步，做想做的事，在那樣的體驗中遇見新的人，從中獲得力量。她甚至還覺得，或許生病也不全然是壞事。身邊給予協助的人讓她在心理上感到安心，跟先生的關係也變好了。

她剛開始發現自己生病的時候，某位長輩打電話來，告訴她說：「我以前也生過病，就是年紀到了吧……就當作是要妳好好照顧身體的信號吧。」她說自己靠著這些鼓勵撐下去，撐著撐著，日子一下子就過去了。

她說，當時彷彿下一刻就會死掉一樣，一直想著「我要死了啊！」。但是不知不覺，如今又過了一年，還開始在煩惱明年要做什麼才好。

她還說，想到自己有可能會死掉，就覺得每一天都好偉大。以前有無數的日子光是連早上醒來、晚上入睡都會感到辛苦。季節流逝，即使春天來了，夏天到了，冬天降臨，也感覺不到任何變化，只有厭倦。然而，現在卻覺得一切都很珍貴。她又帶著半是欣慰，半是可惜的心情對我說，到了這把年紀，才終於認識到生命的另一種故事。

聽了這位諮商者的故事，我想起自己很久很久以前住院的時光。我也小心翼翼地跟她分享了我的故事。

我十一歲，哥哥十三歲的那一年，我們在醫院度過了很長的時間。雖然當時我還小，但那是決定我人生的一個重大事件，所以至今回憶起來仍歷歷在目。我當時病得很重，住院生活又很無聊可怕。

我們住的是大型醫院。院區好像是蓋在杏樹園的土地上，躺在病房裡眺望窗外，就會看到很多活了很久的杏樹。

我常常去有杏樹的地方撿回還沒熟透的青杏放到冰箱，把尚未成熟的酸杏子切小，一點一點品嘗，同時期待著杏子成熟之際，自己就可以出院。在生死的關頭，要思考、煩惱的事情非常多。雖然當時年紀還小，但是我躺在無聊的病房裡，思考了很久什麼是生死。

出院之後，我忽然覺得許久未見的同學們都好神奇。他們會抓青蛙或螞蟻來玩，有時也會弄死那些小動物。我看到那一幕，感覺到我們人類和小動物並沒有什麼不同。我們隨時都有可能生病、因為意外而過世，或是遇到不幸之事。我常常想，這種事情絕對不會有例外，但是相反的，朋友們卻好像對此完全不感興趣，又或是相信自己會是那個例外。

可能是因為我動了大手術，手術之後也是小病不斷，身體孱弱，死亡如影隨形，我似乎因此建立了毫不猶豫地去做喜歡的事的價值觀。我會快速拋棄不好的東西，努力實踐想做的事情。

我明白到，不會依照計畫進行的變數就在身邊，而死亡也是。如果思考過死亡，在做決定的時候，想法會變得更清晰一點。我開始會仔細思考：要在家裡少擺一點東西、不要留下會感到羞愧的事物、死後的整理、死前可以做多少事等等。因為萬物誕生後皆有一死。

生病給我的另一個重要啟發是，我要過安穩的日子。我下定決心要擁有觀察杏樹果實那種平和的職業。不過，我哥好像跟我立定了很不一樣的決心。

諮商師：動完手術之後，我在重症病房住了很久。太痛苦了，甚至還想著「如果就這樣死掉也好」，即使我當時只有十一歲，也不知道自己是死還是活。在那種情況下，也忘了關心父母。我知道哭鬧沒什麼用，也沒有餘力那麼做。

諮商者：妳一定很辛苦。

諮商師：雖然當時很痛苦，但是現在仔細想想，如果當時沒那麼難受的話，或許我現在就不會這麼認真過活。如果沒有產生三十歲之內會死掉的想法，我應該會覺得一切都是我天生擁有的，對於我的工作的使命感也會很薄弱吧。

諮商者：妳提到會思考死去之前能夠創作幾幅畫，應該也是因為那個緣故吧。

諮商師：我總是在思考那些事情。所以就像妳說的，我覺得生病對我的人生肯定也是有幫助的。

諮商者：仔細想想，我活到現在從來沒想過自己有可能就這樣死掉。

諮商師：應該很多人都沒有想過吧？

「去年夏天的時候，我總覺得『世界拋棄了我』，
但是在最糟糕的瞬間，換個角度來看待自己的處境，
我的想法就神奇地完全改觀了。」

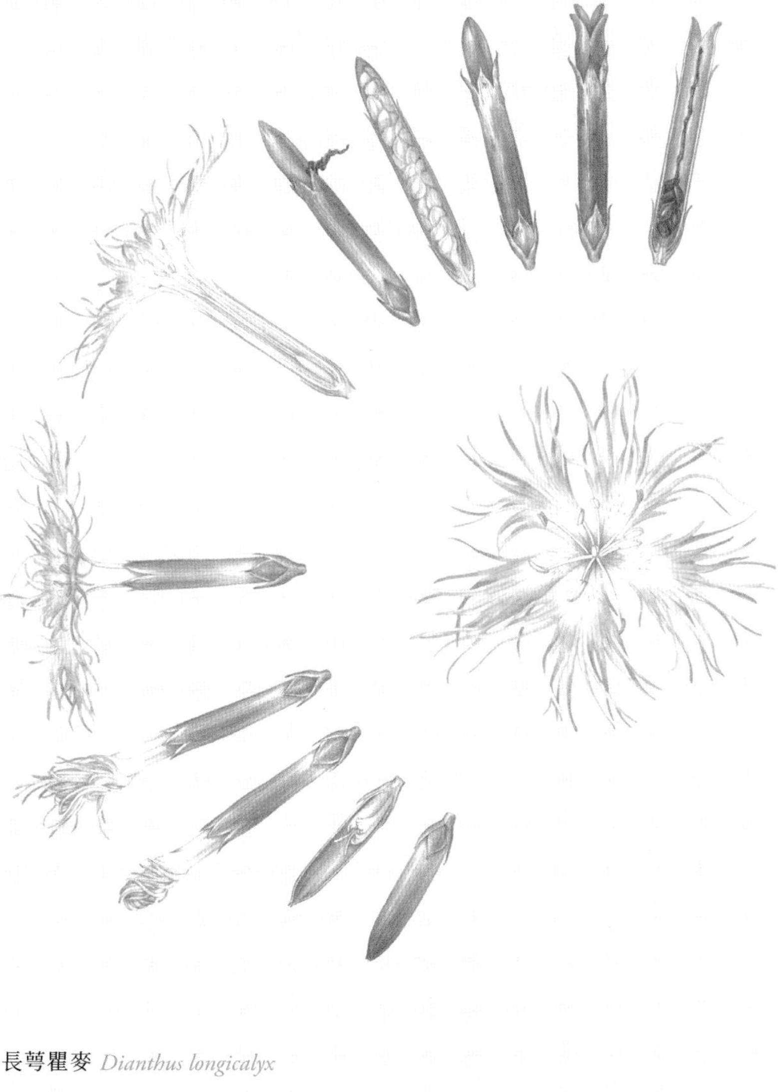

長萼瞿麥 *Dianthus longicalyx*

你思考過雜草有什麼功能嗎？

第一次覺得把植物諮商室的聊天內容寫成書應該會很有趣，是在我遇到某個研究奈米粒子的科學家的時候。見到他的那天，我正好在舉辦植物主題的美術展，我安排了植物諮商室當作延伸活動。雖然我是想開一間任何人都可以來聊天的植物諮商室，但是展覽畢竟跟植物有關，所以訪客大多是喜愛植物或藝術的人。

諮商室快收攤的時候，有個人遲疑地走進來。

這位科學家自稱是奈米粒子研究員，也是住在那個社區的居民，但他事前什麼也不知道，剛好路過這裡就突然進來了，然後他提到了粒子的連續和不連續性。

他說我們所認知的物質雖然好像是連續生成的，但是從另一方面來說，是忽然不連續地驚喜登場。比如說，幾個原子聚在一起後瞬間成為分子，植物的細胞也是一個一個聚集，然後在某瞬間被我們認知為花瓣、雄蕊、雌蕊等等，他問我對此有什麼想法。當時我偷偷在心裡想：

「呃，問這麼難的問題，該怎麼辦呢？」

可以拓寬思維的奇特提問令人十分感謝，也很有趣，所以我開始想到應該要出書才行。我要好好感謝這位植物諮商室的訪客。

諮商者：諮商師，雜草也有什麼功能嗎？

諮商師：問雜草有什麼功能，不會太悲傷了嗎？

諮商者：走在街上不是會看到很多升馬唐嗎？它們為什麼會長在那種地方？

諮商師：就像我們出生在地球上，雜草也是就那樣存在著吧？就像我們人類是名為智人的物種，升馬唐也是名為升馬唐的物種。升馬唐和人類是同級的呀。所以說，要是問「升馬唐，你有什麼功能？」，這樣不是很奇怪嗎？或許人類被視為地球的主人，但是站在升馬唐的立場來說，它也有可能會問：「我也是同等的物種，我也覺得自己是地球的主人，那人類你有什麼功能啊？」我們的想法會不會太以人類為中心了？

諮商者：森林裡的植物我可以理解，因為那片空間是它們專屬的，但是雜草不是隨便生長在我們生活的周遭，像是巷子之類的地方嗎？每次看到雜草，我就會想：「這東西有什麼功能嗎？那邊會不會也有自己的生態系？裡面有什麼？」

「雜草也有什麼功能嗎？」我至今從未思考過這個問題，所以第一次聽到的時候，有點不知所措，但沒過多久，我又覺得問這種問題未免太哀傷了。

諮商者之所以拋出這個問題，可能只是想問雜草在生態學中的地位，或是對城市造成的影響等等，但是對我來說，「雜草也有什麼功能嗎？」這個問題本身饒富趣味，有很多值得思考之處。

「雜草」不是植物分類學的術語。字典對雜草的定義是，即便沒人打理也會自動生長的各種野草，泛指在不合宜的時間、地點生長的植物。在農場、庭院或公園這種由人類控制的環境中，在人類不希望出現的地方生長，或是對人類有害的植物，就是雜草。舉個例子，假如我們栽種西洋蒲公英來製作沙拉，那麼西洋蒲公英就不是雜草，但是如果水蜜桃果園被原本沒有栽種的西洋蒲公英入侵，這個時候它就是雜草。因此，「雜草」是根據利用價值來區分植物，並且帶有人類中心主義色彩的用詞。

只要一有機會，雜草就會快速廣泛地繁殖，占領陌生的地方或成功適應遭入侵的生態系。雜草生命力頑強，一旦扎根就很難根除。其生存能力堅韌，又包含有害或微不足道的負面含義，因此雜草也被當作表示輕蔑的詞彙。

不過，美國詩人兼思想家愛默生稱雜草為「尚未發現其價值的植物」。事實上，許多農作物、藥用植物和庭院植物在以前都被視為雜草。

地球上有數不清的植物比人類還早誕生。城市所在的位置是先有植物才有人。城市裡充斥著人類建造的大大小小結構物，我走在其中，有時會覺得遍地都是垃圾，在家裡坐著環顧四周的時候也是如此。當我看到地球上那些非天然產物，意識到那些或方或圓的形狀很不自然，偶爾也會覺得未來一片黯淡，心想哪天我們人類消失殆盡的話，無法和大自然相融的那些巨型垃圾該怎麼辦？從這個角度看來，擠入城市巷弄，占有一席之地的雜草也許才是正常。

有一位在植物園溫室工作的諮商者說，自己好像變成了破壞者。為了讓參觀者看到整齊端正的溫室，他必須隨時除掉雜草，所以擺脫不了那種心情。植物園溫室提供豐足的養分使植物得以茁壯成長，具備合適的溫度或濕度等優良生長環境，所以雜草也跟著繁盛。在大多數植物都能夠自然生長的環境中，卻只能保留一部分的植物，必須不斷剷除被規定為雜草的多種植物，所以他才會覺得自己是破壞者。

雖然那些植物被概括為雜草，但是人類所消滅的，其實是各自擁有名字的多樣物種，難怪那位諮商者會有這樣的心情。

「雜草有什麼功能嗎？」從這個問題所隱含的「雜草」這個概念，再到詢問雜草功能的態度，都是以人類中心主義為出發點。在植物諮商室碰到這個問題之後，我開始對以人類為中心的植物相關用詞或態度產生興趣，因而拓展的想法也會延續到展覽或演講上。

在二〇二一德壽宮「想像的庭院」展覽上，我以「面面相覷：植物學家的視線」為題參展，同時也想探討關於雜草的想法和態度。調查相關文獻的時候，我發現了一件有趣的事：有別於德壽宮所種植的植物，我查不到關於雜草的資料，所以我花了半年的時間調查德壽宮的所有植物。在那段期間，我知道了德壽宮的每個角落有些什麼樣外觀的植物、在這半年裡生長了多少。我還製作了德壽宮植物地圖發給遊客，上面標示了我在這個過程中發現的德壽宮植物的位置和名稱。

展場的一隅展出了我在德壽宮採集的雜草種子，並引用美國作家大衛・逵曼（David Quammen）寫的《雜草星球》（*Planet of Weeds*）之中的一段話。逵曼表示，人類在地球上廣泛蔓延、繁殖率高、善於獨占資源又很難絕種，正是雜草般的存在。如果地球上的其他生物會觀察我們人類的話，被人類用來當作輕蔑用語的雜草，應該是正好適合形容我們的表達。

我常常舉辦與植物繪畫史有關的演講，從古希臘時代說起，介紹為了記錄植物的物種而繪製的畫作和畫家的一生。看了不同時代的植物畫，我覺得人類對植物的認知變化很有趣。我常常在演講上提到被稱作毒茄蔘或曼德拉草，學名為「Mandragora officinarum」的植物畫作。如果觀察各時代的曼德拉草畫作變化，會發現人類對植物的認知逐漸從帶有人類中心主義的偏見，慢慢朝向以科學角度來理解植物本身的方向發展。

或許是因為曼德拉草擁有的化學成分，在西方傳說中它經常以宗教或魔法用途登場。曼德拉草的根部形似人類。民間有個知名的傳說：把曼德拉草拔出來的話，人類模樣的根部會尖叫，並且殺死拔出它的人。

有趣的是，在相當於希臘時代科學家的醫生繪製的畫作中，曼德拉草的根部被畫成人類的模樣。在那之後過了許久，擁有人類模樣根部的曼德拉草，依舊在各個年代的畫作中登場，直到十七世紀植物學家的畫作也沒能跳脫那個傳說。但是，如果收起對曼德拉草以人類為中心的偏見，它其實只是一種會綻放美麗淺紫花朵、根部粗厚的平凡植物而已。

我們才剛開始以不帶人類中心的偏見，改以科學之眼觀察植物沒多久。仔細想想，奠定生物分類學基礎的瑞典植物學家林奈是一七〇〇年代的人，對進化論做出貢獻的達爾文則是一八〇〇年代的人。

在不算太久的植物科學歷史中，對植物依然有很多根深柢固的偏見。人類有可能完全理解植物嗎？除非我們試著成為植物，否則或許永遠都很難做到。

我們地獄見

在實驗室裡，植物會被殺死拿來做實驗，所以研究員在做實驗之前，會進修以生命共存為題的倫理課。如果研究員處理的是具有神經系統、會感覺到疼痛的生物，就要接受更加嚴格的倫理教育，學習用痛苦程度最輕的方式殺死生物的實驗法。

剛來實驗室不久的學生，有時也會莫名認為與我們人類近似的靈長類應該獲得更高貴一點的待遇。在進化上屬於原始種或與人類愈不像的生物，讓人感覺到的愧疚感愈少。

但是長期做實驗的研究員愈常上倫理課，愈常有這樣的想法：

「一定要拿神經系統當作痛苦的基準嗎？」

「就算不會感到痛苦，從其他角度來說也有可能會疼痛啊？」

「結果跟殺生一樣……」

「明明是在殺生，但是愧疚感的強烈程度卻變了，這樣也可以嗎？」

植物分類學家採集植物的時候，一天最多需要採集數百株植物做成標本，而這其實是殺植物的行為。採集樹木是砍斷樹枝，所以本體不會死亡，但是草卻必須連根拔起來做成標本，所以草會徹底被殺死。但是我們也不會因為只砍了樹枝，樹木不會死掉，心裡就好受一點。

有一次，好幾個研究生物分類單元的學者聚在一起聊天，其中一位對我提出了這樣的問題：

「但妳殺死的是植物，心裡應該會好過一點吧？」

如果和研究員聊到這個話題，我總是回答「我們全部都會下地獄的」。接著大家很快就會繼續討論其他相關的想法和問題，例如，植物沒有大腦、植物不會痛、反正植物的宿命是地球的生產者、也有折枝來種就會長根的植物、人類手腳被砍斷也能活下去，有必要對植物另眼相待嗎？我們人類要吃植物才能生存等等。

因為喜歡植物才選擇了植物學，結果反而得殺植物，這樣的煩惱與愧疚感，對植物學家來說肯定不輕鬆。而且就算不是植物學家，所有喜愛植物的人應該都有相同的煩惱和愧疚。這天前來植物諮商室的人，也有著這樣的故事。

諮商者：以前我不太關心動植物，但是自從幾年前開始養貓之後，我的想法改變了很多。剛開始是擔心我的貓，後來擔心起流浪貓，現在是開始思考關於植物的事。一想到植物也有生命，我就無法隨便照顧。

諮商師：這些擔憂很讓你心煩，對吧？

諮商者：幾年前我偶然讀到一本書，內容是在探討植物有沒有求生欲望。讀了之後，一想到植物也是活物，我就沒辦法再買花了。

諮商師：你說的是切花嗎？花店切好拿來賣的花。

諮商者：對，以前我看到花，會覺得很美就不經意地買下來，但是現在被切掉的鮮花我買不下去了。看到那種花我就覺得心痛。我有份兼職工作是製作影片字幕，曾看過一部關於進出口鮮花的紀錄片，在非洲或南美洲的國家栽培花卉，再切下來送往各國，內容還提到過程中要加多少防腐劑到鮮花當中，所以提倡要購買產地鄰近的鮮花。當時我第一次開始認真思考販售切花這件事。

看到被切下來在花店販售的鮮花，因而想到植物原本的整個形態，其實是讓人很難過的事。人們只看到花店販售的鮮花，往往不知道花朵底下的樣貌。應該沒什麼人除了記得非洲菊的花長什麼樣子，同時也知道它的根葉形狀。但，明明從花到根才是一株完整的植物，才是植物活著的樣子。

曾經有個孩子看著切花，對我說：「諮商師，這個不是還活著嗎？很漂亮，所以還活著……」對此，我不經意地回答：「那朵花已經死掉了。根被切掉了，所以已經死了呀。」孩子聽了好像受到很大的衝擊，應該是因為他單純覺得花很新鮮，所以還是活著的吧。他擔心地問：「那花之後會怎樣？」我說：「那朵花爛掉之後就會消失。現在沒有根部了，所以徹底死了。」

我從來不曾覺得切花是活著的。沒有根葉，喀嚓喀嚓地剪掉其餘部分，只留下花來賣的鮮花是死物。花很美，所以大家對花的興趣勝過葉子或根部。人們不會去思考花被切掉了，而是很開心地把美麗的花放在一起欣賞。

生物藉由演化而誕生，擁有各自的生態地位，努力設法生存下去。我們人類是動物，所以會吃植物、利用植物。但是販售切花這件事常常讓我思考，這種跟人類的生存沒有直接關係的行為，是不是出自人類的欲望？而且大部分被當作切花販售的花都是園藝品種，對於園藝品種植物，我也會產生類似的想法。

因為園藝品種是為了讓人類覺得看起來更美而改良出來的植物，而這跟人類的生存也沒有直接關聯。

拜訪美國布魯克林植物園的時候，我反思了人類的欲望有多殘忍。布魯克林植物園種滿各種豔麗的園藝品種鬱金香，鬱金香的花朵很大，花葉也是層層繁盛。路過的遊客停下腳步拍照，開心地直呼好美，但是與我同行的教授卻說「唉，好噁心」就快速離去了。我看到那些鬱金香的時候也有同樣的想法。按照人類喜好創造出來的園藝品種看起來好像怪物，所以對我來說一點也不美，反而覺得很殘忍。

雖然這麼做有點怪異，但是讓我們試著做一個有點偏激的想像吧。如果花和人類的立場對調，會發生什麼事？假設花在製造人類品種的時候，覺得「這個手腳多一點的話好像會很美，我要調整一下，接上滿滿的幾十隻手腳。頭部不好看，就拿掉吧」，看著創造出來有如怪物一般的人類，花說：「啊，好美喔。」如果你看過生長在廣闊草原上的野生鬱金香，再看看承受不住自己的頭部重量而垂下的園藝品種鬱金香，就會明白有多奇怪了。

法國詩人弗朗西斯・蓬熱（Francis Ponge）的詩集《採取事物的立場》（*Le parti pris des choses*）中，有一首〈動物與植物〉令我印象深刻。詩作的內容是，動植物全都死掉的話，大地會吸收其殘骸，但是跟動物不同的是，植物會找尋死亡地點，而不會四處徘徊。讀到這首詩的時候，我再次思考動植物之間理所當然的差異。

我臨死之前，也會思考自己要死在哪裡。我是動物這個事實絕對不會改變，所以不得已只能做動物為了生存而必須做的事。就算植物再怎麼可憐，我的生存仍然需要植物。然而，人類以外的動物和人類顯然是不同的。動物雖然也會食用植物，卻不會跟人類一樣，為了無關生存問題的事大量殺死植物，或隨意更改其DNA，對物種的根本動刀。

長年栽種植物的人會知道
植物不是抱在懷裡就能養好，
並因此而產生「放下的心情」。

匙葉紫菀 *Aster spathulifolius*

愛它，就減少愛意

「菜鳥植物管家」偶爾會拿噴霧器給葉子澆水（植物管家是形容植物栽種者的韓國流行用語），但是，那其實對植物吸收水分沒什麼幫助。雖然這樣有助於清除不會下雨的室內所堆積的灰塵，幫助植物進行光合作用，對部分接在樹上生長且利用空氣中水分的寄生植物、喜歡濕氣的植物來說也有幫助，但是這並非替植物澆水的有效方式。

拿噴霧器澆水，濕濕的感覺會讓人心情爽快，但如果真的想給植物澆水的話，必須澆在根部才行。在水中生長的植物祖先是利用全身吸收水分，但是離開水來到陸地後，為了適應乾燥而演化的陸上植物是由根部負責吸收水分。水分要灑在根部，植物才能好好吸收。

這天的諮商者因為覺得葉子看起來很乾，所以用噴霧器澆水。聽完我的說明之後，他表示：「原來這麼做沒用啊。我用噴霧器澆水澆了幾天，感覺枯萎的葉子好了一點，看來是我的錯覺。」

試圖用噴霧器給葉子噴水，讓植物解渴，是白費功夫的愛的表現。與其拿噴霧器到處噴水，還不如偶爾倒一杯水到土壤中。太常擦拭或摸弄葉子的話，也會給植物造成壓力。

真心愛植物的人，如果一直付出這種徒勞無功的愛，那肯定是一場單戀，只能迎來悲傷的結局。

諮商者：我才剛開始種植物不久。最近突然覺得「原來比起動物，我更喜歡植物」，然後就開始買植物回家養，但是沒過多久就全死光了。我買了很多，結果只剩下三株。就連剩下來的也像僵屍一樣勉強撐著。

諮商師：妳沒有問過購買植物的店家嗎？

諮商者：為了把植物養好，我還買了新花盆移過去種，結果全死了。我夢想在家裡種番茄來吃或是種羅勒打成青醬，所以才開始養植物，結果卻變成這樣。番茄也是孤伶伶地勉強站著，沒有開花或結果。我不禁想「是我太不會種植物了嗎？」，也會懷疑自己一直殺死植物，這樣繼續種下去沒關係嗎？

諮商師：大部分的植物，都是因為過多的愛意而死掉的。

諮商者：我妹妹也說：「姐，都是因為妳每天盯著才會那樣啦。」有一天，我水都澆完了才去找資料來看，得知原來不可以從上方澆水，馬上大叫一聲驚覺不對勁，結果植物就死掉了。紅葉萵苣也是只有變高，長著長著就死了。

諮商師：紅葉萵苣如果種在戶外，花梗會往上長得很高，也有可能長到人的高度。妳種在陽台的話，因為日照不足的關係，它只會徒長。

諮商者：我很喜歡植物，但是真的不知道該如何親近植物。我甚至還覺得植物跟人類一樣怕生！我以為是自己跟植物合不來，好像不適合種植物，因為常常看到植物死掉……我夢想老了以後當個住在鄉下鋤草的老奶奶，不用像農夫那麼厲害，就只是種我想吃的量。有可能辦到嗎？

諮商師：妳不是說今年初才開始種植物嗎？才剛開始不久，妳可以的。

大家都說蘭花是最難養的植物。也有許多人雖然養了很久，但是自從第一次收到別人送的蘭花以後，就沒見過它開花的樣子。我的指導教授李南淑的研究室放了幾盆蘭花。李教授不愧是韓國的蘭花栽培專家，研究室裡的蘭花每年都會開花。其他教授偶爾會拜託我教授照料葉子沒剩幾片、奄奄一息的蘭花，就連那樣的蘭花放在李教授的研究室裡，也會很快就復活過來。

但是我看李教授養蘭花的樣子，好像就只是放著不管。教授要授課、寫論文，又要指導學生，天天忙得不可開交，難道跟蘭花之間的關係就像沒什麼交流，只是共用一個房間的陌生人？

李教授有時候會突然大喊「唉呀！」，好像這才想起要給蘭花澆很多水，接著會像是洗澡一般，把蘭花盆泡在大盆子裡，或是打開水龍頭不斷澆水。教授出差超過一週的時候，我們實驗室的人也是放著蘭花不管，直到它缺水缺到乾巴巴，才會大聲驚呼，然後替它澆水：「唉呀、對不起，我忘了！」就像這樣養著，但蘭花依舊每年盛開。

不過，養蘭花的人可不能因為看到這篇文章就用那種方式養花。身為蘭花專家的李教授非常清楚各個蘭花是在哪裡生長的品種、喜歡怎樣的環境，所以會配合蘭花的生長方式去栽種。教授並不是不愛蘭花，而是配合各種蘭花的特質付出愛意。

小時候我在路上散步，第一次看到一種美麗又芬芳的紅花，深深為之著迷。紅車軸草屬於外來種，是在韓國扎根的歸化植物，它好像是隨著河流蔓生的吧。我被這種花迷住了，於是折斷花莖插在花瓶裡，本來以為它會跟其他植物一樣很快就凋謝枯萎，結果紅車軸草不愧是生存能力頑強的歸化植物，那小小的莖冒出了新的根。

我覺得紅車軸草很討喜，所以種在母親的花盆一角，結果它像爆米花一樣快速長出葉子擴散開來。看見紅車軸草長得這麼好，我很開心，於是更加認真地澆水，期待總有一天會看見盛開的紅花。但是我種的紅車軸草只有茂盛的葉子，從不曾開過花給我看。

我在解釋植物的營養生長與生殖生長的時候，會以我種紅車軸草的經驗當作例子。營養生長是植物的根、莖、葉等營養器官生長的現象，生殖生長則是指花、果實、種子等生殖器官發育生長的現象。長在戶外的紅車軸草同時進行營養生長和生殖生長的話，會開花留下種子，但是陽台對紅車軸草來說是適合營養生長的場所，不像待在外頭的世界那樣艱難，沒必要努力繁衍子孫。

我很愛紅車軸草，當初迷上它的紅花和香氣而帶回家，後來又因為它在花瓶裡長出根部很了不起，而更愛它了。綠葉在花盆中可怕地蔓延，卻一次也沒有開過花，但我還是繼續愛著紅車軸草。

如果沒人澆水的話，它有可能一下子就會死掉，所以我像僕人般不斷澆水，一邊想像初遇時那朵芬芳美麗的花，一邊期待它開花。

我無法放下種在母親花盆裡的這個雜草，最後是沒看過紅車軸草開花的母親認定它是雜草而拔除，我的愛才就此結束。現在想來，最初讓我看見的美麗花朵也不是為我綻放的。因為錯誤的愛意表達方式而失去紅車軸草之後，我將這段經驗寫成了一首詩。那是一首關於愛和執著的詩。當時我還小，所以不是男女之間的愛情詩，但是仔細想想，兩者好像又很類似。

養不活植物的諮商者是用錯誤的方式經歷了單戀，李教授是給予理解與尊重的愛，而我則是經歷了被牽著走的愛。諮商者以自我為中心的過度愛意殺死了植物。我雖然配合紅車軸草，讓它能夠好好長大，但是如果想看到它開花，也是減少愛意就可以了吧。為了在變化莫測的自然環境中生存，植物會留下子孫。如果我當時疏忽一點的話，感受到生命威脅的紅車軸草應該會趕緊開花，試著留下子孫。

如果你現在種的植物長得不好，建議你試著減少愛意，應該就會看見殷殷期盼的美麗花朵吧？試想，我們活在世上遇到的許多事情不也一樣嗎？常常因為愛而侵蝕自己，以愛之名對深愛的人造成傷害。如果試著減少一點愛意，我們的人生、人際關係之中，說不定也會開出心中所期待的花。

我一直很想問那些說很愛自己種的植物的人：
「你知道那個植物的真正名稱和故鄉嗎？」

長萼瞿麥 *Dianthus longicalyx*

「就這樣活著也沒關係嗎？」
——植物傳來的答覆

雖然以前有很多人是上了年紀、退休之後才愛上植物，但是我感覺到最近喜歡植物的年齡層正在迅速下降。二、三十歲的年輕人對植物深感興趣，我也常常在植物諮商室遇到他們。雖然一開始是聊喜歡什麼植物、怎麼養植物等等諮商者所感興趣的事，但是聊著聊著，自然就會談到就業、前途、賺錢等生活近況，或是煩惱和煩心事。

因為諮商者是以前從來不曾見過，也不熟悉的人，所以我也在不知不覺中變得坦率。奇怪的是，就連無法輕易對人提起的煩惱，我也會放心地說出來。是因為多了植物給予的安心嗎？諮商者在聊天的過程中開誠布公、訴說煩惱的時候，我也會被嚇到呢。在那樣的時刻，我也會自在地分享自己的故事，而我們就在後續的對話中尋找各自的答案。

某個風和日麗的星期六，來到植物諮商室的年輕人也思考了很多關於未來的事。

諮商師：你是什麼時候踏入職場的呢？
諮商者：去年。我常常換工作，做個半年、一年就離職。
諮商師：都在不同的領域嗎？

諮商者：我待過服務業，也當過一般的上班族。我想從事藝術方面的工作，但是又很不安，擔心無法靠那個餬口，於是就告訴自己「我做不來」，把這件事藏在心底，然後去做別的工作。

諮商師：維持生計這個問題，是所有藝術家的煩惱呢。

諮商者：辭職之後，我常常去山上或海邊。身處大自然之中，我產生了「原來不管怎樣都能活下去」的想法。我從植物身上獲得了勇氣。

諮商師：生活在大自然中，會讓人忘掉很多不安，對吧？

諮商者：我覺得離大自然愈遠，愈容易感到不安。所以住在都市裡的人就算有穩定的收入，好像也會覺得不安。我以前也是那樣。現在有時候有收入，有時候沒有，但我反而沒有以前那麼不安了。當時就算準時收到薪水，「我得這樣活一輩子嗎」的想法卻還是非常強烈，但是現在幾乎都消失了。

諮商師：我們是不是太容易享受到生活中的便利？所以好像常常忘記對擁有的事物應該抱持感恩。常常忘記自己擁有的，老是把目標放在沒有的東西上，所以總覺得缺少了什麼，人也變得焦慮。

諮商者：我覺得能讓每個人感受到幸福的夢想都不一樣。但是我們忘了這一點，只看到別人光鮮亮麗的外表，就產生自己也想擁有那個的錯覺，而走上錯誤的方向，這真的有點可惜。我以前也是那樣。

這位諮商者做了好幾份和藝術無關的工作，最後累到連未來都無法思考，在毫無準備之下辭職了。後來他上山下海，一直待在靠近大自然的地方，在都市生活時感受到的不安就消失了。住在都市的時候，雖然經濟上看似穩定，但是想到「一輩子就這樣活下去也沒關係嗎？」，他找不到答案，也持續感到不安。

他說，在大自然之中只要滿足基本條件就能過得幸福，但是離開了大自然，卻常常覺得缺乏什麼而購物、大吃大喝，結果生病吃藥，這樣的事情反覆上演。大自然一直在那裡，他很驚訝自己怎麼都不知道，並對於大自然毫無條件的給予心生感激。明明就在身邊，為什麼以前都不知道呢？

這位諮商者在夢想與賺錢之間掙扎，在大自然中摸索人生應該前往的道路。跟他聊天的時候，我也分享了自己戰戰兢兢地平衡念書和賺錢的經驗。

大自然理所當然地陪伴著我們，但是每個人真正意識到那份美麗的時間點，都不盡相同。不管怎麼解釋，有些人對於大自然的美就是不感興趣，也不理解，但是，如果有人在某個時刻突然察覺到身邊的大自然美麗到過分完美，我會想陪在他的身邊。

我因為喜歡植物，所以畢業後選擇繼續進修這條路，朋友們則是一個個就業升遷。由於沒有收入穩定的工作，我必須申請就學貸款，到處找獎學金。雖然偶爾會接到在家兼職的工作，可以勉強補貼生活費，但奇怪的是我並沒有太過不安。如果我真的感到很不安，應該會盡快準備就業，或是打好幾份工。只是，如果賺錢的工作跟植物分類學沒有直接關聯的話，我就不做。

不管再怎麼喜歡，若是碰到經濟問題，還是會出現危機。我仔細思考了自己走著並不豐足的路，卻還能堅定地繼續念植物的理由。思考到最後，我覺得有可能是因為我常常身處大自然之中。

或許是因為我在鄉下長大，我相信就算沒有那些在都市才能享受到的事物，我在鄉下也能照顧好自己。小時候在鄉下長大所領悟到的事，成為我人生的主軸。我總覺得有一天要回到鄉下，準確來說是「回歸到大自然之中」。

人活下去需要多少東西？如果支撐我的基本事物很充分的話，我應該能過得很幸福吧？我覺得，要能知道自己擁有的東西有多少價值、有多珍貴，當某個珍貴的事物來到身邊的時候，才有辦法辨認出來。希望大家可以更了解自己擁有的東西的價值，就像包圍著我們的大自然。我們擁有的比想像中多，但我們是不是沒有正眼瞧過呢？

我見過一位在都市過著華麗生活，現在已經退休的老紳士。他說很後悔自己太晚才好好開始注視大自然。我說雖然每個人的時間點不同，但是最後似乎都會回歸大自然，他說自己好像不是「回歸」，而是「悔改」。

那位老紳士曾問過我「感謝」的相反詞是什麼，說那是他母親問過他的問題，我說感謝的相反詞是「理所當然」。我們彷彿把身邊的事物視為理所當然，直到失去才明白，要對感到理所當然的事物抱持感恩之心。

萬物死去之後，會消失、空出位置來。我們人類也是一樣。大自然會吸收萬物，使其循環不息。人類喜歡永恆，所以常常製造長久不變、不會消失、不會腐朽的物品。

都市裡有很多長久不變、不會消失、不會腐朽的物品，也就是那些我們所有人死去、消逝之後仍會留下來的物品。在都市生活的人就算大買特買東西來享樂，還是會持續感到匱乏，不就是因為自己被不變的東西圍繞，不明白會消逝的東西的重要性嗎？

有一次，我把植物標本放在桌上展出，兩個月以來沒有受到任何的保護。展覽人員看到稍微碰一下就會碎掉的枯葉，還有微風一吹就會飛走的種子，很是擔心。我說在展覽期間展現出它們褪色消失的樣子，就是我想要的展覽。如果有失禮的觀眾拿走標本，導致展品不見的話，那也是展覽的一部分。

根據能量守恆定律，能量只是換個形態被傳遞到其他地方，沒有產生或消失。大自然的一切不斷改變形態與循環。在既有的東西發生變化後消失，填補於其他事物的過程中，也有我們的存在。若是近距離感受大自然，就能明白大自然的循環中也有我們的存在，從不必要的匱乏和不安之中變得稍微自由一點。

擁有只有你一個人喜歡的事物，
說不定是一種幸運。
這不也是實踐獨特夢想的捷徑嗎？

鬱陵菊花 *Dendranthema zawadskii* var. *lucida*

第二章

心灰意冷的時候
想去的地方

別問「擅長嗎？」，試著問「喜歡嗎？」

「植物跟小朋友似乎很像。」

曾經有位教導兒童美術的諮商者來到植物諮商室。這位諮商者主修美術，在很多地方上過班，目前從事兒童美術教育。

他待過許多不適合的職場，覺得很疲憊而辭掉工作，後來嘗試在大自然中待了一陣子恢復心情。他說和植物密切相處的時候，感覺到植物像是無條件給予的存在。而在教小孩子美術的時候，他也有過類似的感覺，所以現在好像找到了想從事的職業，並跟我分享他和孩子們的故事。

我對兒童教育深感興趣，很高興能遇到這位諮商者。我始終認為，從很小的時候開始親近大自然和繪畫，是很重要的事。因為我覺得在兒時多接觸，就會獲得一輩子都能與其親近的力量。就算腦袋沒辦法完全記住，內心也會記得，並逐漸累積經驗。我覺得親近大自然並用繪畫呈現出來，是人的本性，但是如果小時候從不曾接觸，或是第一次接觸的記憶不太自由或不幸福，就會遠離大自然。

我每次舉辦以成人為對象的植物演講，總是能看到大人孩子氣的一面。我可以感受到他們看到植物之後覺得神奇，幸福的眼神閃閃發光，難掩興奮之情。每當這種時候我就會很欣慰，另一方面又覺得，如果從小就知道大自然的法則和美麗，應該可以感受到更豐富自由的情緒吧。

所以我覺得兒童的自然教育是必要的，我會在展覽或活動中規畫兒童節目，若有兒童講座邀約也會盡量去演講。但是等到真的快要跟孩子們見面的時候，我又會很緊張，真是苦惱。可能是因為我沒有小孩，所以不清楚各年齡層的理解程度到哪裡。我也會不斷思考，要用什麼方法或說什麼才能給孩子帶來好的影響，很擔心自己的言行會對他們造成負面效果。

諮商者：跟孩子們一起玩，真的很開心。

諮商師：大概幾歲呀？

諮商者：六歲。他們還小，所以與其說是在畫畫，不如說是在「玩」畫畫比較貼切。他們一邊開心地玩耍，一邊學習。但是家長們畢竟付了補習費，所以會希望孩子能學到東西。我覺得好的教育方法是不去傷害到孩子的本性，因為比起表達情緒，我們先學會的是隱藏情緒。我覺得好好思考要怎麼看待、教導流露本性的孩子們，是很重要的事。

諮商師：教小朋友美術的時候，家長沒有提出更多的要求嗎？我聽說有些家長會請老師幫忙小孩寫作業或參加美術比賽。

諮商者：家長最常這麼問：「我家孩子很會畫畫嗎？」「我家孩子擅長美術嗎？」「畫得很好嗎？」「學美術好嗎？」

諮商師：那你怎麼回答？孩子們年紀還小，畫得好不好很重要嗎？

諮商者：我不太清楚「畫得很好」的標準是什麼，所以我都回答「孩子很喜歡」。最多只會說：「看起來很喜歡畫畫，好像覺得畫畫很有趣。」

跟諮商者聊天的過程中，我解決了自己的一個煩惱。他讓我明白，比起「你做得很好」，更重要的是對孩子說「你喜歡嗎？」。我常常聽到有人說稱讚孩子很重要，所以我很常說「你做得很好」。我本來以為這一定是好話，但是我現在重新思考了這句話。

在植物諮商室見到諮商者的時候，我不是在諮商，反而更常是獲得了啟發。很有意思的是，我們從彼此的優點中獲得了加乘的快樂。這樣的快樂也成為我繼續經營植物諮商室的一個理由。

我參加過在英國市郊的美麗大城堡舉行的工作坊。那座城堡以前是英國詩人兼藝術贊助者愛德華．詹姆士的故居，現在則作為藝術大學的空間。

工作坊的內容簡單又平易近人，參加者只需要在城堡裡吃吃喝喝，欣賞周圍的大自然，畫一幅小畫作。有人是來到這個地區度過夏日假期，也有純粹當作興趣而報名的當地鄰居。好像沒有畫家或是平常會畫畫的人，全是老奶奶和阿姨。

三天的工作坊期間，我們一邊享用城堡提供的美味自助餐一邊閒聊，到了下午就畫畫草莓。只要畫一顆草莓就可以了，所以大家看起來都很快樂。第一天，每個人分別慎重地挑選了最美麗的草莓。實際提筆，我才發現草莓出乎意料地難畫。草莓的種子很多，表面凹凸不平，所以很難呈現出閃爍的質感，也很難平衡搭配紅色的果肉和草綠色的托盤。所以大家都畫得非常認真，一句話也不說。

我不是為了畫草莓而來到這裡，卻在不知不覺間非常專心地想要把它畫好。當我專心畫草莓的時候，有一股奇怪的感覺，於是抬起頭來，卻發現英國老奶奶們一邊吃草莓，一邊圍在我身邊觀賞，還對我說：「我們比較擅長吃！」意思是：「畫畫的時候才體悟到，比起畫草莓，我們更喜歡吃東西！」

她們還有個言外之意：「年輕人，來這裡何必那麼認真啊？幹麼把自己搞得又累又辛苦？快來吃好吃的，聊好玩的事情吧！」

「喜歡」某件事，不用別人告訴我們，自己也會發現。相反的，某件事「做得很好」，則大多是小時候經過大人的評價才知道的。雖然那麼說是為了稱讚孩子，但是這樣的評價是不是盡量晚一點再給比較好呢？

小時候聽到的「做得很好」有強烈毒性，會讓我們很容易一味地追逐那句話。如果等到變成老奶奶才知道「喜歡」的重要性，那真是太令人難過了。國小低年級的時候，我參加了所有的美術比賽，一個也不漏。連校長也對我父母說過我很會畫畫，所以我深陷在「做得很好」這句話之中。雖然對年紀還小的我來說，用粉蠟筆填滿白紙是一種體力活，但我還是不斷地畫畫。

後來我成為區域代表去參加美術比賽，我在比賽上號啕大哭。那是在陌生都市舉辦的大型賽事，為了公平性，我和父母被分開來。不安的情緒導致我連畫畫主題是什麼都想不起來。上色很累，我又很怕陌生的場所和大人們，所以哭了起來。

當時也不曉得為什麼會那麼傷心，眼淚掉個不停。因為我哇哇大哭，工作人員走過來幫忙，協助我盡快繳交還沒完成的畫作，接著把我送回母親身邊。

在那之後，有好一陣子我很討厭畫畫，還跟朋友們吐露心聲說我真的很討厭畫畫。我的父母從來沒有要求我畫畫或參賽。事實上，他們也沒有對我說過「妳做得很好」。我的父母本來就不會那樣稱讚我。問題的根源在於，年幼的我被困在了其他大人所說的「做得很好」之中。

有一次，兩個小朋友來到植物諮商室，問我最喜歡什麼花。我說雖然所有的花我都喜歡，但是我覺得地錢草最特別。因為那是我小時候第一個從兒童植物圖鑑上認識，並親自去田野間尋找、叫出名字的植物。我問小朋友喜歡什麼花，一個說喜歡向日葵，因為顏色很美又只會面向太陽，另一個說自己的聲音跟喇叭一樣大，所以喜歡喇叭花。其實喜歡什麼東西不需要特別的理由，對我來說，珍貴的小小瞬間就很足夠了。

我平日返回市區的途中，常常經過一條幹線道路。每到上班時間，就能在那條路上遇到一大群盛開的牽牛花。牽牛花是韓國隨處可見的雜草，它的花朵有點小，鮮豔的藍色很美。牽牛花會在早上開花，日照變強的話很快就會枯萎，所以必須在早上經過那條路才能看到。幹線道路的一旁是櫛比鱗次的公寓，每到早晨，公寓的影子會長長地投射到道路另一邊，所以有些牽牛花可以曬到日照，有些則會被陰影擋住。

但是，如果在極為絕妙的時間點經過那條路，就會看到太陽底下的牽牛花全部凋謝，而陰影底下的花還開著的景象。陰影底下的光線較少，所以花才會開得比較久。像多米諾骨牌般矗立的公寓、隨著公寓形狀產生的影子，以及只在那片陰影底下綻放的牽牛花，真的很可愛。每當這種時候，我真想叫其他駕駛們也看看那些花。

比起證明自己擅長做什麼事，說明喜歡某件事的理由真的既簡單又快樂。喜歡做某件事也不需要什麼了不起的理由。喜歡，是一件自然又幸福的事。

就像只有我知道的牽牛花模樣，那些對我來說寶貴且感激的小小瞬間，也是讓我喜歡上某樣事物的主要理由。每個人喜歡植物和繪畫的理由都不一樣。如果有一堂課，可以讓我們各自分享喜歡某件事的不同理由，那會不會是人生中最美好的一堂課？

木防己 *Cocculus orbiculatus*

「辭職之後，我常常去山上或海邊。
身處大自然之中，
我產生了『原來不管怎樣都能活下去』的想法。
我從植物身上獲得了勇氣。」

放棄的夢想在找我

我母親的多年夢想是當作家。家裡放滿整面牆的書櫃上，有很多直排書或沾有手垢的文庫本，大部分都是母親在大學時期蒐集的。我很喜歡讀她年輕時偶爾在書的前面寫下的一、兩行字。上面寫了日期、當天的情況，還有買書的契機。

除了文學書，母親創作的草稿在家裡堆積的景象我也相當熟悉。舊舊的稿紙上滿是手寫字。但是母親有一天忽然說她不會再寫作，看書就很滿足了。

我知道母親大學的時候得過很好的獎項，有相當長的一段時間投入寫作，所以我覺得就這樣放棄很可惜。大概是因為家庭條件不太有餘裕，母親平常要工作、照顧小孩，所以不可能有寫作的時間。我勸她試著重新開始寫，她說現在眼睛會痠，所以意願不高。

我見過一些和我母親一樣，因為新的身分或意料之外的障礙，暫時放棄夢想或乾脆放棄夢想的人。我曾收到一封電子郵件，寄件者是在國外生活十幾年，不久前才回國的韓國人。她說在國外的時候開始畫植物，所以想跟我聊聊。

在仁寺洞的某間靜謐茶館中，我第一次見到那個人，看起來比我母親稍微年輕一點。她小心翼翼地說出自己的煩惱和故事。

出國之前，她在韓國的一流大學攻讀環境工程博士班，卻在即將接受論文審查之際陷入了家庭和學業無法兼顧的兩難，最後選擇跟孩子們一起出國留學。雖然很遺憾，但是在工作和家庭之間選擇了家庭，而照顧小孩也是無法比擬的巨大幸福。

然而，在陌生環境下辛苦打拚的日子裡，她仍然不斷想起突然中斷的學業。

空虛感總是占據著她內心的一角，後來她偶然知道了植物畫，便開始提筆。

她說回到韓國後，發現以前同一個實驗室的同學們都當上了教授或研究員，她出神地盯著打包起來堆在家裡的博士班研究資料，實在沒辦法重新開啟那些箱子。

雖然我們是初次見面，但是憶及往事的她，還是在仁寺洞茶館裡哭了起來。不過，她很快就含淚笑著說，在環境工程和愛之間，她選擇了愛。當時的我讀了四年的博士班，正處於徬徨無措、疲憊不堪的狀態，偶然聽到人生前輩這樣的內心話，對我來說是很好的建言。

朝著夢想前進或是念書的階段，即使自己的意志力再強，也會被身邊人給的建議影響，或是碰到不合理的難關和如同絆腳石的人。個人所處環境的變化，有時也會帶來意想不到的障礙。這位難過的諮商者告訴我，在結婚生子、育兒和學業並行之前從未料想到的煩惱，阻礙了自己的夢想。

諮商者：為了養孩子，我把學業放到一邊。後來我想重新拾起書本，所以開始準備博士班，而且考上了。我很渴望深度的學習，但我有時也會懷疑念書是不是單純只是基於我的貪心。有一天，我向教授提出某個點子，結果教授說：「那個非得由妳加入學會來做嗎？別活得那麼累，做妳想做的事情，開心地活著吧。妳也有小孩，得扶養孩子啊。」我聽了很洩氣。

諮商師：攻讀博士也有可能不是壓力，而是一種樂趣啊？

諮商者：結婚之後，我體會到在韓國身為母親和女性的難處。婚前我完全不知道，沒想到那堵牆真的好高。如果是條件相同的男人結婚生子再回到校園，教授會說「你真的很厲害」，但是我的情況卻是完全相反。

諮商師：我覺得那個教授也有問題。如果他的價值觀真是那樣，那他似乎不是個好教授。近年來，各種不同性別、年紀、職業、種族，形形色色的人都在念大學，大部分的教授根本不會說那種話，這真是太奇怪了。

諮商者：國外也是這樣嗎？

諮商師：只要是有人生活的地方，情況好像都差不多。除了玻璃天花板，竹子天花板（意指美國等國際社會阻止亞裔升遷當高管的隱形障礙）不是也很常被討論嗎？這是種族歧視啊。

聽到來植物諮商室的二、三十歲年輕人，尤其是已經踏入社會、準備換工作或正在上班的女性諮商者遇到比我想像中還誇張的障礙，讓我十分驚訝。我指的是 MeToo 事件。大概是因為我和諮商者們年紀相仿，所以在聊了快一小時的過程中，她們會自然而然地說出煩惱。那些隱約發生的現象讓她們很生氣，不知道該不該檢舉，但同時又感到混亂，最後是自己選擇遠離那個障礙。

二十出頭的年輕諮商者，特別會對隱隱約約發生的情況和言語感到錯亂。

回想那個年紀的我，也曾遇過類似的情況或帶有歧視的行事慣例，雖然我也很驚慌，但是因為還小，所以什麼也不知道就這樣算了。

我像個大姐姐跟她們說，如果自己感到辛苦和痛苦的話，那就是不對的事。另一方面，在植物諮商室聽到那些意料之外的事，也讓我感到很遺憾。這裡是暢聊植物的地方，平和的植物諮商室啊。

除了因為性別而受到的歧視，我在國外也常常碰到種族歧視。因為要採集植物、拜訪植物園、參加學會、擔任研究員或辦展覽等等，我去過很多國家，現在早已熟悉了這樣的歧視。其實，我覺得有種族歧視的人，是因為沒看過更廣闊的世界，或教育程度不高，所以不知不覺變成了那種人。但是，非常偶爾也會碰到地位高又受過教育的人，不動聲色地說出歧視的話，讓我心情很複雜。我遇過的種族主義者大部分都是白人，所以碰到白人的時候，我也會不由自主地產生戒心。

不過，在聽完某個美國資深研究員的故事之後，我看開了一些。他有個好朋友是主修亞洲歷史的白人學者。雖然是發表過許多論文的優秀學者，但諷刺的是，因為他是白人，所以沒辦法進入想去的研究單位。

那些地方想聘的是亞洲人，所以無論那位學者再怎麼努力做研究，也無法解決出身背景的問題。他苦惱於無法就業的同時，竟發現自己有料理的天分，所以開了一間餐廳，結果大獲成功。現在他自己創立了研究機構，繼續研究亞洲歷史。雖然就結果而言還是可以繼續做研究，但是種族歧視的問題依然無解。聽到這件事之後，我更加深刻地思考了任何種族都有可能被歧視的事。

很多人基於自己的判斷而放棄夢想，又或是因為別人而放棄夢想。聽到他們的心路歷程，我就覺得難過。我也曾經不得不放棄學習自己非常喜愛的植物。前三個月我就身心疲憊到待在家裡不出門。深受挫折的我，也曾徬徨了兩年多的時間。雖然熬過去就會明白，但我還是會想，為什麼自己活得這麼累。

就算現在的情況不盡如人意，得暫時放棄夢想，總有一天還是能重新追夢。況且，放棄了又如何？以放棄的姿態開闢出別的路，誰知道那個夢想會不會成為更棒的什麼呢？

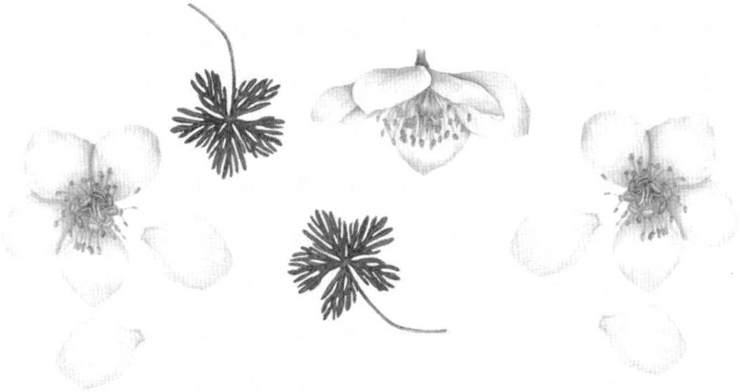

如果你現在種的植物長得不好，
建議你試著減少愛意。
如果試著減少一點愛意，
我們的人生、人際關係之中，
說不定也會開出心中所期待的花。

韓國邊山菟葵 *Eranthis byunsanensis*

收回對植物的浪漫目光
就能看見的事物

在植物學或植物畫相關的演講上，我有時候會在開場投影片播放我養的兩隻貓的照片。老實說有一部分原因是貓咪太可愛了，我想要炫耀一下。老大叫「馬原」，意思是馬兒奔騰的平原。馬原「貓」如其名，非常活潑。老二「蕪菁」是從江華道帶回來的，所以取名為江華道的特產蕪菁，跟名字一樣非常善良又膽小。從許多照片中都能感受到貓咪的性格。

我一邊展示照片一邊說，其實我們對貓咪的判斷和貓咪的真正性格可能相去甚遠。說不定我是用自己看貓咪的目光來任意解釋。就算我對貓咪呵護備至，我也不可能知道貓咪的真正個性和想法。貓和狗是與人類最親近的生物，而不那麼親近的植物，就更不可能知道其性格了。

有一本書《陌生人、神、怪物》（*Strangers, Gods and Monsters: Interpreting Otherness*），作者是愛爾蘭哲學家卡尼（*Richard Kearney*），書中探討當我們人類碰到未知的存在或陌生環境，也就是碰到陌生人的時候，會做出的反應。比方說，假如人類第一次見到來自宇宙的外星人，有些人可能會親切地看待或心生景仰，也有些人可能會感到恐懼或害怕。前者將外星人視為神，後者則是看作怪物。

當人類遇到某種未知的存在，為了解決兩極分化成「我」和「陌生人」的情況，會試圖將那個存在歸入自己可以理解的範疇。這位哲學家一邊討論人類的歷史，一邊指出像種族歧視或性別歧視這樣無法深入了解他人，也就是陌生人而引發的許多社會問題。我在介紹這本書的時候，在書名的最後加了一個詞，以「陌生人、神、怪物、生物」為主題，開始講述人類認知中的生物。

在生物學蓬勃發展之前，人類肆意對許多生物做出判斷。還不知道昆蟲的變態過程的時候，人類認為昆蟲是自動從地底下冒出來的，而大海裡的巨型烏賊是海底怪物。

如果書中出現植物，我就會留意閱讀，因為可以從中知道人類對植物抱持怎樣的想法和偏見。一般來說，植物被認為是對人類寬容且被動的存在。可是研究過植物的話，就不會覺得它是那樣的存在了。希望大家可以稍微收回對植物的浪漫目光，因為與大自然有關的莫名偏見和形象，說不定會使我們在不知不覺中做出「漂綠」行為。

漂綠（Greenwashing）通常是指某個企業或團體生產對環境造成負面影響的產品，同時又塑造環保形象的偽裝術。這些產品看似環保，但是仔細檢視，就會發現也對環境造成了負面影響，或是在生產過程中發生嚴重汙染、破壞環境。不過，除了那種惡意為之的情況，我覺得因為缺乏對生物深入了解而引發的問題，就結果而言也是漂綠現象。

如果太浪漫地看待植物，有時也會造成漂綠現象。舉個例子，某個藝術家打算使用環保顏料取代化學顏料，所以想要使用植物顏料。為了更有意義一點，而從野生植物身上取得各種顏料。那樣的話，到頭來這還是殺死多種野生植物的漂綠行為。

諮商者：我最近在煩惱要不要用植物當顏料，或是該如何在作品中應用植物。

諮商師：我們韓國的天然顏料中有很多植物顏料，對吧？也有萃取自萹蓄的，就是長這樣的植物。它跟路邊常見的水蓼也很像，可以做成很美的藍色。

諮商者：真的好美喔。

諮商師：不是有一種顏料叫靛色，就是最亮的青色嗎？萹蓄的顏料就帶有那種顏色，其實會稱為靛色，是因為萃取自名叫木藍的外國豆科植物。那也是植物顏料。

諮商者：可是，這些植物要怎麼取得呢？現在就連一顆石頭都不能隨便從山裡帶回家。

諮商師：是啊。就算你很懂植物，也很難在山裡找到，重點是把野生植物帶回家會破壞環境。別找野生植物了，去買農場栽培或藥材市場這類地方販售的植物比較好吧？我們一起想想看，怎麼做才能真的以環保的方式在作品中應用植物吧。

每次辦展覽，我就會煩惱要不要使用那些一次性的材料和家具。打造展覽空間會需要家具或輔助配件，所以每次都必須重新購買或準備。那些配件不是作品，所以使用時間很短，會迅速被丟棄。雖然近期也有些實驗性的「零廢棄」展覽，盡量避免製造垃圾，但是這其實需要長時間的規畫和縝密的思考，所以很難徹底實踐。雖然參觀者不會察覺，但是我致力於使用廢棄保麗龍、廢棄塑膠或是廢棄家具。不過，在忙碌的展覽準備期間，真的很難找到合適的物品來運用。

如果說有些物品是為了美麗的視覺呈現而短暫用過就被丟棄，那麼也有很多物品是為了確認愛意而用過即丟。我念碩士的時候，有個前輩說要介紹保護「南山上的松樹」的兼職工作給我，所以我就跟著去了。這個專案的內容是拯救韓國《愛國歌》中出現過的南山上的松樹，但工作內容是需要先分類樹木，然後砍伐松樹以外的其他樹木。這件事我在演講上介紹過幾次，解釋我們為什麼要保護松樹，以及松樹在南山生態系中為什麼無法成為優勢物種。我在演講中只有提到這種和植物學相關的內容，但是背後還有個我沒說出來的插曲。

觀光客在南山只能走登山通道，所以深山意外地人跡罕至。我在南山爬上爬下調查樹種的時候，撿到了一把鑰匙。在這誰也不會來的深山裡出現一把乾淨鑰匙，讓我感到很神奇，同時又陰森森的。沒過多久，前輩也撿到了一把鑰匙。愈往深處走，鑰匙愈多，結果我們雙手撿滿了鑰匙。一開始是因為神奇而撿拾，但是滿手都是鑰匙之後，我忽然浮現「我們為什麼在做這種事？」的念頭，不曉得該怎麼處理才好。因為這些鑰匙在深山裡就是垃圾，所以要回收帶走才行，但是數量一多，金屬製的鑰匙就變得相當重。

就在這個時候，深山裡傳出窸窸窣窣的聲音，某個大叔出現。因為是在人跡罕至的山中，所以我們和對方都嚇了一跳。大叔默默把我們交出的鑰匙全部裝到他帶來的米布袋裡就走了。大叔消失之後，我才想到那些鑰匙是在南山山頂許諾愛意的情侶丟下來的。情侶們在鐵網上掛愛情鎖，把鑰匙丟到深山裡，藉著永遠找不到的鑰匙，來祈求永恆的愛情。如果我們帶著鑰匙上去，應該可以打開不少愛情鎖吧。

撿走鑰匙的大叔好像是回收場的人。說不定鑰匙是因為被他撿走了，才會永遠找不到，而讓「我們的愛情恆久不渝！」得以成真。可是為了擁有永遠的愛情，一定需要鎖頭和鑰匙嗎？掛在南山上的無數愛情鎖，應該會被定期清掉送去垃圾場，大家期待消失找不到的鑰匙，終究會因為地心引力而掉到山腳下，變成南山的垃圾。

真希望人們在大喊「我們的愛情恆久不渝」的時候，也可以一起實踐「對大自然恆久不渝的愛」。

因為在健全的大自然中，我們的愛也才能長久持續。希望大家可以試著思考我們無意間做出的行為，背後所隱藏的環境破壞和漂綠現象。收回對大自然的浪漫情懷，應該會更加明白什麼是真正的「綠色環保」。

希望大家可以稍微收回對植物的浪漫目光。
收回對大自然的浪漫情懷，將會領悟到真正的愛。

野菰 *Aeginetia indica*

植物圖鑑上沒有寫的祕密

植物會從種子冒芽展葉，隨著季節開花結果，又再次產出種子。除了這種眾所周知的明顯變化，植物還會不斷展現出神祕的面貌。植物所珍藏的寶貴祕密，大概只有在植物身邊持續觀察其四季變化的人才會知道。

小時候我家的院子裡有梧桐，後來搬去的住處也有梧桐。我自然而然地每天長時間觀察梧桐，現在看到梧桐也會覺得它就像我的朋友。

我和哥哥常抓住光滑的梧桐樹枝爬到樹上。他有時會躺在兩側延伸出去的粗樹枝上睡覺，而我喜歡吃梧桐籽，或是像打水漂一樣把果實丟到水面上。

以種系發生學來說，梧桐和周遭隨處可見的毛泡桐關係相當遠，外觀也截然不同。毛泡桐會開出淺紫色的合瓣花，長出比雞蛋小一點的橄欖球狀果實，秋天的時候會變成棕色，熟成裂開。梧桐垂掛著滿滿的黃綠色小花，花瓣往後翻，開得密密麻麻的。草綠色的樹幹和樹枝十分光滑，果實有如扁舟，模樣很特別。種子懸掛的樣子，就像坐在扁舟邊緣的人們，第一次看到梧桐樹幹和果實的人都會感到神奇。除此之外，我好幾年來天天在梧桐旁邊觀察，還發現了很多別的祕密。

梧桐種子不常拿來食用，圖鑑上也沒有提過種子可以吃。它的味道不怎麼好，量也不是很多，所以不太能吃。雖然梧桐種子具有中藥效果，所以常常被當作藥材使用，但是炒梧桐種子當作零嘴來吃，似乎是只有很親近梧桐的人才能享有的小眾嗜好。

我之所以常常撿梧桐種子剝開來吃，是因為父親跟我說過他小時候吃梧桐種子的回憶，所以我知道嘗起來是什麼滋味。

尚未熟成的梧桐果實起初並非扁舟模樣。扁舟橫向捲起來被封住，裡面的小種子也是藏起來的，長得就像昆蟲繭。強行把這個時期的果實掰開的話，裡面滿是有如醬油的稀狀液體。小種子會在如同羊水的液體中逐漸成長。隨著果實逐漸變大，液體會慢慢消失，當某一邊的縫合線裂開時，就會變成扁舟的模樣。

我小時候覺得梧桐果實的變化好神祕，尤其那黑黑的液體更是驚人。念植物學的時候，我曾向其他植物學家問過幾次那個黑色液體的事，但是我還沒遇過觀察到這一點的人，即使是吃過種子的人也沒有。知道這種植物圖鑑上沒有寫的小祕密，是我的小確幸。

有一家人拿著他們親自畫的東風菜的花來到植物諮商室，說最近在假日農場種蔬菜，看到以前都不知道的各種蔬菜模樣，覺得很驚奇，所以一直在畫畫。

他們說，買東風菜來吃的時候，總是只有看到葉子，現在親自種了才看到花。花比想像中還要美，他們捨不得錯過，所以跟小孩一起觀察，畫下了可愛的東風菜花。那幅畫充滿了他們對植物的愛。

諮商師：你看過馬鈴薯的果實嗎？

諮商者：馬鈴薯的果實？沒有，好像沒看過。

諮商師：我發現馬鈴薯和番薯的花與果實，很少有人全都看過。馬鈴薯的果實長這樣，很像聖女番茄吧？

諮商者：噢，天啊！我第一次看到。

諮商師：馬鈴薯是茄科植物，番茄也屬於茄科，所以它們的果實長得很像。番薯是旋花科植物，所以無論是花或果實都跟牽牛花相似。牽牛花也是旋花科。

諮商者：原來如此。啊，我好像看過番薯的花。我父母種過番薯。其實這次畫的東風菜花，也是住家外面的菜園裡種了才知道。不過，諮商師，我想問花瓶裡面是什麼啊？那個紅色的？好美。

諮商師：是東北紅豆杉，路邊很常見的樹，在這種時節會結出紅色的果實。

可是很多人都不知道它會開花結果。小時候我家裡有很多東北紅豆杉，所以我很熟悉。這個紅色果實吃起來有點有嚼勁，甜甜的。我小時候都會吃家裡的東北紅豆杉果實，後來主修植物學才知道它有毒。（笑）

諮商者：天啊！

如果遇到對植物不感興趣的人，我就會告訴他們，我們雖然熟悉卻不太了解的植物所隱藏的另一面，例如馬鈴薯和番薯的花與果實。如此一來，百分之百能讓對方對植物產生興趣。如果遇到剛開始喜歡上植物的人，像是這次的諮商者，我會盡可能跟對方分享植物的祕密。無論諮商者是大人或小孩，看到他們在種植物的過程中發現什麼而感到神奇，雙眼發亮地逐一解釋自己的發現，那模樣讓我覺得很可愛。

相反的，從長久與植物相伴的人身上，則是可以聽到圖鑑上沒有的祕密，或是學到新東西。

我遇過跟我一樣小時候常吃東北紅豆杉果實，長大後才知道果實有毒的人。對方彷彿遇到家鄉老友般，說著「我也有吃過！」與我分享回憶，我們還互開玩笑說至少現在仍健康地活著。

其實書上只是簡單寫了東北紅豆杉果實有毒，但是含毒量很少。我們想著可以從東北紅豆杉獲得的抗癌物質，天真地安慰自己那不是毒，還記得我們開玩笑說，說不定就是因為一點一點地吃過少量的毒，提高了抗性，或是毒性發揮抗癌的作用，所以身體變健康了。

有時候我也會聽到我觀察、記錄多年也未能發現的植物祕密。有一次，某位新聞記者在展覽現場採訪我。記者仔細觀察了我的木薑子果實和種子畫作，說小時候吃過那個果實，拿種子當彈弓的子彈。木薑子是濟州島等南方島嶼地區常見的樹木。記者出身於濟州島，很熟悉種在住宅石牆旁防風的木薑子。

我為了繪製，非常認真地研究木薑子，觀察了好幾年，製作許多標本並記錄下來。當時我實驗室的研究專題也是這個，所以還分析過它的DNA，但是我完全不知道果實可以吃。

我也曾經把黑色果實中杏仁大小的種子放在手心，卻不知道這是鄰居小朋友玩彈弓時的重要子彈。因為這種事情圖鑑或論文上都不會提到。每次看到植物畫作，我就會思考自己究竟對木薑子有多了解，以及需要花多久的時間，才能清楚掌握各植物的品種。

採訪一結束，記者就說想要辭掉首爾的記者工作，一邊當本來夢想中的攝影作家，一邊在濟州島生活。七年過去了，如今他在濟州島拍照。盡情地觀賞有如知己的木薑子，說不定他會發現更多木薑子的新祕密。

孤單的小小植物愛好家

來植物諮商室的小小植物愛好家還挺多的。我辦展覽的時候，意外碰到很多喜歡植物的小朋友，覺得很驚訝。雖然是父母知道小孩的興趣才帶他們過來的，但是小朋友有時候也會纏著父母說要來。

看到孩子用小小的手撫摸植物，雙眼發亮地欣賞畫作，我也會不自覺地微笑。一邊看植物畫，一邊介紹植物的解剖學結構和獨特生態時，偶爾會有小朋友說他們已經知道了，讓我很訝異。

孩子是憑著一雙小手仔細觀察，自己發現的。一起畫畫的時候，小朋友也會毫無遺漏地畫出容易錯過的細節。有一次，某個孩子拿畫好的櫻花葉子給我看，連葉柄的腺點也準確地描繪出來，還畫出了想吃流出來的樹液而在附近徘徊的螞蟻！

我曾在某本書上讀到，如果孩子六歲以前和大自然的接觸不夠多，就會一輩子都很難跟大自然變得親近。因為錯過了那個時期，就很難明白自己也是大自然的一部分，與大自然是相連的。看了那段內容，我感覺到兒童的大自然教育真的很重要，所以見到小朋友的時候都會特別關心。看到遠道而來的孩子，我會留意觀察，心想他們說不定以後也會成為植物學家。

在為了孩子而策畫的教育節目中，植物學家總是輸給動物學家。植物不受孩子們歡迎，這點真是讓人心酸。雖然有一點點安慰的是，植物學家的情況還比土壤學家好一點，但是如果出現研究恐龍的學者，我們就會被擠到更角落去了。大部分的小孩喜歡會動的東西，所以會覺得植物無聊沉悶。像是恐龍或大象那樣會動，身形又龐大的話，小朋友就更為之瘋狂了。

我很苦惱為什麼喜歡植物的小孩子這麼少，但是這好像也是小小植物愛好家的煩惱。

媽　媽：我家孩子會到處跟朋友說「我喜歡植物」，可是他的朋友們會說：「幹麼喜歡那種動都不會動的植物啊？好無聊喔，不好玩！」所以他很傷心。他應該是很想跟朋友分享喜歡植物的理由吧。

諮商師：「因為叭啦叭啦……所以覺得植物很好玩」，孩子是像這樣子說的嗎？我也是從很小的時候就開始喜歡植物，但是我的朋友們更喜歡動物。小孩子不是喜歡會動的東西嗎？我覺得植物也很努力在動啊，但是朋友們卻不這麼覺得。

小朋友：我朋友也不太喜歡動物，他們只喜歡機器人或遊戲那種東西。

諮商師：會不會是因為每個人喜歡的東西都不一樣呢？我小時候住在鄉下，

媽媽種了很多植物，所以我很容易接觸到植物，植物圖鑑也是天天看。爸爸常帶我們去旅遊，所以我也很常看到其他地區的植物，但是在同樣環境下長大的哥哥就對植物沒什麼興趣。每個人天生喜歡的東西都不一樣吧？這樣聽起來，小朋友你是不是和我很像呢？

媽　媽：應該是因為跟朋友沒有共同喜歡的東西，所以覺得很寂寞吧。

諮商師：人生本來就很寂寞啊？（笑）

小朋友：我把蒐集起來的種子分給朋友，叫他們種種看。雖然有些人的是發芽了，但是也有沒種的人，因為不感興趣，全部都丟了。就在我面前直接……

小小諮商者太可愛了，所以我開玩笑說人生本來就很寂寞。但是一看到他因為朋友當面丟掉所有的種子，一臉受傷的樣子，我感覺孩子比我想像中更加煩惱。

大學時期，在進入植物分類學研究室之前，身邊都沒有像我這樣喜歡植物的朋友。幼稚園的時候，我忽然在家旁邊的水道發現只在植物圖鑑上看過照片的牻牛兒苗開花的樣子，雖然高興到不行，但是我沒有跟朋友說過。

我好像從那時候就知道朋友們對植物不感興趣了。雖然國小的時候，我會跟朋友們打成一片，大家一起玩橡皮筋、打球、跳房子、擊倒石頭（譯註：韓國傳統遊戲，玩法為站在特定距離以外，用石頭將另一邊豎起來的石頭擊倒。）之類的遊戲，但是我沒有跟他們聊過植物的事。我的童年都是在鄉下度過，但並不是所有住在鄉下的孩子都喜歡植物。偶爾去務農的朋友家看到長得又高又大的農作物，我就會歡呼，但是朋友卻漠不關心地抱怨說，到了秋天還要幫父母收割。那種時候我就很希望秋收的時候，朋友可以叫我過去。

我就讀的小學，操場角落有一棵很大的木半夏。每到六月就會結滿對孩子們充滿誘惑的紅色果實。有一次，鄰居小孩一湧而上，打賭「果實可不可以吃」。所有人各摘了一顆果實來吃，嘗到澀澀的餘味就趕緊吐掉。主張不能吃的小朋友當面反駁主張可以吃的小朋友，然後大家一窩蜂地跑走了。我一個人留在那裡，觀察木半夏的葉子和果實上奇特閃爍如針的毛，又摘了果實來吃，感受到閃爍的細毛進入我身體的奇妙快感。

我轉學過幾次。每次換學校的時候，我都喜歡走遍校園的各個角落，確認什麼植物種在哪裡。

國中時期，我會摘各種植物的葉子來聞，有一次我發現有股類似牙膏味道的香氣。學校建築物盡頭的庭院裡，那棵被修剪得圓圓的樹只有茂盛的綠葉，沒什麼特徵。但是那種植物的味道截然不同於其他散發淡淡草味的植物。當時那是很大的發現，所以我藏不住自己對植物的愛，把要好的朋友一個個分別帶過去，摘下葉子要他們聞聞看。當時朋友們也沒什麼反應。畢業之後，我才知道那是月桂樹。

為了教育，學校裡種了各式各樣的植物。我就讀的國中有荷花玉蘭，高中有厚皮香和丹桂，我後來才知道這些樹只能在韓國南方看到。由於是生長於溫暖氣候的樹木，所以生活在北部的學生在校園裡看不到這些樹。我對每間念過的學校有什麼植物瞭如指掌，所以我知道每個地方種植的不同植物，對學生來說會是多麼重要的資產。

後來上了研究所，我才知道指導教授和前輩們去其他地區採集植物的話，會觀察周圍的國小栽種的植物。因為校園裡聚集了不少當地的象徵性植物。

以前家裡訂的兒童科學雜誌，哥哥總是認真收領，而我主要都是讀生物篇。有一期的文章在談植物的知覺，開頭寫到紫薇又稱為怕癢樹，據傳給紫薇樹幹搔癢的話，樹枝就會怕癢晃動起來。我去學校之後，找來幾個朋友，然後搔了搔紫薇的樹幹，結果樹枝動了。可是就算我沒有搔癢，樹枝也同樣會隨風搖晃。雖然被朋友們嘲笑了，但是他們知道我本來就有點奇怪，所以沒有放在心上。

高中時期，我在經常路過的河邊步道發現有可疑的草從河裡冒出來。那個草的果實不是長在莖幹上，而是長在葉子中間，是我從來沒見過的奇怪形狀。在此之前，我覺得花和果實一定是長在莖幹的末端，所以感到很神奇。雖然我很想看個仔細，但是想靠近草的話，必須走到河流的很裡面。我穿著運動鞋，直接走進水中把草拿出來。那是莎草科的螢藺。後來我也是忍不住跑去跟母親分享。

雖然喜愛植物的母親回應了我一下，但是她沒有像我一樣覺得這是了不起的發現。

直到現在，如果凌晨時分偶然在家裡用顯微鏡發現到什麼東西，我也會充滿喜悅。可是，現在我真的明白了，對於這樣的發現，幾乎沒有人會跟我產生共鳴。加上又是在凌晨，真的一個人也沒有，所以我會對自己養的貓咪解釋。多虧於此，我的貓真的具備不常見的植物學知識，雖然牠們沒有表現出來。

我對小小諮商者說，我度過了寂寞但快樂的時光，上大學後進入植物分類學實驗室，加入了相關學會，終於遇見跟我相似的人們。所以好好再等九年，畢業後一定可以遇到陪伴他的同好。那位小朋友最近才剛離開首爾，搬到群山市，這也是他感到寂寞的一大原因。我跟他說，活到今天，我有個遺憾就是從來沒有在海邊生活過。因為有些植物只能在海邊看到，我很羨慕他能住在靠海的群山市。

擁有只有你一個人喜歡的事物，說不定是一種幸運。雖然一時之間沒有一起喜歡的人，可能會覺得寂寞，但是那條路堅定走下去的話，總會在某個地方遇到跟自己一樣的人。

對於自己喜歡的事物，隨著時間累積，如果你的相關經驗和知識更加豐富，就有機會成為分享那件事物的人。到時候遇見有相同喜好的人們，也是另一種形式的巨大快樂和喜悅。

牢牢抓住喜歡的事物，不也是實踐獨特夢想的捷徑嗎？

如同在適合自己的位置長得又大又美的熱帶植物，
我們也要待在各自適合的位置，
才能綻放花朵、結出好看的果實吧？

毛蕨 *Cyclosorus interruptus*

因爲多元，所以有深度

所謂的「生物多樣性」並非單指在地球上生存的物種多樣性，還包含以生態系標準來說的多樣性和遺傳多樣性。多樣性令大自然茁壯成長。多樣的地位讓彼此相連的生態系變得密密麻麻。如果說擁有密集的健康細胞的堅固樹木，就代表健康的大自然，那麼遭到感染、稀疏腐朽又容易倒下的樹木，就類似於缺了連結的大自然，處於整體會輕易支離破碎的狀態。

就像大自然那般，讓我們的社會茁壯成長的也是多樣性，但是在人類的世界裡，在多樣性的創造過程中，有很多比想像中更艱困的難關。想在要求一致性的社會中創造出多樣性並獲得認可，是很不容易的事。

我在植物諮商室遇過幾位正在就讀或畢業於體制外學校的人，或是有小孩正在就讀的學生家長。像這樣的人可以說是跳脫既有的學校體制，共同參與了教育多元性的提升。雖然挑戰新事物、獲得大部分人無法體驗的東西是件好事，但是其中也有許多難處。

有一天，某位畢業於以農業為主的體制外學校的諮商者找上門。他從體制外學校畢業後做著相關的工作，現在二十六歲，繼續攻讀放送通訊大學的農業科學系。這位諮商者從不受國家認可的體制外學校畢業後，參加了學力鑑定考試。選擇學校時，他很確定自己對農業感興趣，也很喜歡相關領域的工作。他似乎在那裡學到了厲害的事情，那是在一般學校裡學不到的。

後來，他動念想學些新的東西，而最好的方式就是讀大學，但是一想到必須先考學測，他又一直不敢嘗試。學測很容易讓人緊張，大部分要讀大學的學生都必須經歷這一關。

和這位諮商者談話的時候，我深刻體會到，普通高中生必考的測驗，對某些人來說是一道無法輕易跨越的堅固高牆。

諮商者：博士，妳還有其他的夢想嗎？

諮商師：有很多人想學習結合科學和藝術的領域，就會來找我聊，但是韓國的大學沒有相關科系，所以我很難為這些學生指路。關於這門學問的歷史或概念也是鮮為人知，所以我也會擔心大家產生錯誤的認知。應該要像國外那樣設立大學科系或相關科目才對，但這真的很不容易。

諮商者：是指科學插畫系嗎？

諮商師：不僅是繪畫，結合科學和藝術的領域涵蓋很廣，包括生物、醫學方面都在蓬勃發展，3D模型作業、地圖繪製、利用過往的資料做出預測模型或原型等等，可以學的東西很多。如果想要深度學習科學，將其繪製出來的話，就需要跨領域的結合，但是韓國的大學或研究所都沒有相關科系。至少有一、兩個主修科目也好，但是就連這樣的資源也沒有。每當具有潛力的資優學生來找我，國內卻沒有能供他們學習的學校，我只能推薦國外的大學。這樣一來，學生應該會覺得很受限吧。真的很可惜，但是我也沒辦法放下植物研究，投注所有的時間去做這件事。

很多人想要接受結合科學和藝術的教育，但是不知道方向，所以來植物諮商室問我的意見。他們想要把這當成大學的主修，學習專業知識，而不是只當成興趣來畫畫。令人惋惜的是，韓國還沒有跨領域結合的課程，能讓學生學習利用科學知識和尖端技術來表現的繪畫。我想過至少在植物的領域自己試著開課，所以進行了一年包含專業內容的授課，後來卻發現這不是能夠在短短一年內辦到的事。

在大學上過的動物解剖學或植物形態學課程中，為了讓學生更能理解生物，有開設繪製科學圖解課程。指導教授那一代的形態學研究比現在更活躍，圖解課更多，可是現在大學裡的生物採集或科學圖解課好像幾乎都消失了。

就算畫畫對生物系的學生來說很難，這個領域也必須看重，所以我覺得生物系有相關課程是好事。

最好的方法是開設專業的跨領域課程。我思考過是否有可能在韓國的大學內投身這個領域，所以請教過幾位教授，卻發現在既有的大學體制內很難推動這件事。我還心想，最快的方法會不會是我自己蓋一間研究所或學校？但是那一定很不容易，因為甚至有教授說做那種事就像在揹十字架。教育和學問要多元，社會才會變得多元，才能多方發展，但是沒想到，要開創新的空間卻是如此困難。

寫論文的時候，我也思考了多樣性的重要。有一次，某個完成植物學碩士的諮商者問我：「對科學家來說，何謂高手和專家？」看到某些前輩即使面對很討厭的熱門領域研究主題，也會因為研究經費很高而默默去做，我不禁想：「這些人才是專業研究員嗎？」另一方面又覺得，「這單純是為了獲得研究經費所做的工作，所以該稱他們為高手嗎？」

我認為一個研究員要能寫出各種主題的論文，才是專家。發表論文數不多的新進研究員，很難在自己實驗分析的範疇外的新領域寫出論文。所謂論文，就是從全世界找出自己研究領域的所有相關論文來閱讀，往尚未被發現的結果踏出一步並發表出來。剛起步的研究員要熟悉新的實驗和分析方法，找出目前發表過的所有相關領域的論文來讀，再寫出內容全新的論文，這是極其困難的事。

當我看到有學者發表的論文數量很多，就會找出對方的論文目錄來看，確認這些論文是不是採用類似的實驗或分析方法，以及稍微變化素材和實驗數量所寫出來的，或者那位研究員寫的都是各種不同領域的論文。就算寫過各式各樣的論文，我也會看對方是否協助過其他領域的研究員做實驗，或者是不是論文主筆人。我覺得一個學者能夠持續主導、發表非自己主要研究領域的各種論文，是很了不起的。偶爾也會有學者結合兩種領域，發表別人寫不出來、獨具創見的論文，並創造出新的學問。

我在美國認識的資深研究員懷漢（Dennis Whigham）博士便是那樣的人。有一次，他問我念完研究所之後有什麼計畫。我想了一會，告訴他我對各式各樣的領域都很感興趣，且充滿好奇，所以也煩惱自己會不會無法像畢生深入鑽研某個領域的學者那樣，一直研究同個領域，因為我在韓國的時候，身邊的人對於我多元的興趣常常感到擔心。

然而，我聽到了意料之外的答案。丹尼斯博士明快地說「我也是那樣」。他說他也是對太多東西深感興趣，所以看到自己發表的論文，也會納悶自己的主要研究領域到底是什麼。丹尼斯博士為了讓普通人更容易了解花的複雜結構，正在跟藝術家合作一項摺紙花企畫。他和實驗室的人合作，讓人用手機掃描紙上的條碼，就能立刻連上有科學內容的官方網站。他毫不猶豫地進行多元嶄新的嘗試，那毅然決然的模樣真是厲害又帥氣。他對音樂的造詣也很深，只要有交響音樂會就會去聽。他告訴我，對各種事物抱持好奇、想嘗試各式各樣的事情，這樣很好，不用太擔心。

像我這樣的新進研究員，當然也有人深入研究某個領域許久，撰寫大量論文。看著努力走在某一條路上的同事，我也會莫名感到欣慰，半開玩笑地喊「大學者」，並為對方加油。比起專注在一個領域的人，我對周遭的任何人事物都深感興趣、充滿好奇，所以有時會覺得自己以後無法成為出色的學者。

但是沒關係，我不是想成為出色的學者，而是喜歡做快樂且幸福的事。我不是想當植物學家，而是喜歡學習植物。我不是想當畫家，而是喜歡畫畫。還有，我只不過是喜歡的事情有點多元而已。

從樹齡數百年的護村樹學到的事

「植物對你而言是怎樣的存在？」

我常常問來到植物諮商室的人，植物對他們來說是怎樣的存在。很多人會來這裡是因為喜歡植物，所以回答大多是正面的。有人說「覺得很療癒」「我喜歡綠色」「花開了很可愛」，也有人進一步說「植物是無條件給予的存在」「植物本身就是完美又幸福的存在」。

平常對植物沒什麼興趣的人也會來植物諮商室。如果問他們同樣的問題，有些人會回答沒有仔細思考過，甚至有人說他覺得植物像背景。我也有聽過樹木和電線桿沒什麼區別的回答，當時受到了不小的衝擊。

也有不少人雖然對「大自然」這個詞沒有負面的看法，但是實際上接觸植物或動物就會很討厭，一看到植物的反應就是：「靠近的話好像會過敏。」尤其是害怕或討厭昆蟲的人，會把昆蟲一律叫成「蟲子」。他們好像對大自然抱持著「很髒」「危險」「讓人不自在」的既定印象。

某天，兩名來拜訪的同齡大學生並肩坐在植物諮商室。他們說彼此是朋友，兩人雖然從小接觸植物的環境不一樣，但是同樣都覺得植物很陌生。一個是跟著熱愛植物的父親長大，自然而然地接觸到植物，但是對植物不感興趣，直到最近才稍微關注。另一人則是對植物沒有任何興趣，只是跟朋友一起過來。

我很好奇這兩名諮商者覺得植物是怎樣的存在，請他們仔細想想，然後一起聊了所謂的植物的存在、植物的立場。

剛開始，諮商者說植物很像「機器般的存在」。因為如果有陽光和水分、營養成分又豐富的好環境，植物就會長葉生根，環境不好的話則會蜷縮起來，等到時機合適了再生長，是這樣的單純性讓他產生那種感覺。因此，就算砍掉樹枝他也不會覺得難受，折斷大樹的樹枝時也像是在剪頭髮或手指甲。

我長年觀察著植物的細節形態和精妙的生存戰略，卻從來不曾覺得植物像機器，所以聽完他的回答嚇了一跳。雖然說看到壽命比人類長的樹木，在優良的環境下不斷增殖細胞，的確有可能會那樣想，但是植物和隨時都可以製造出來的機器不一樣。畢竟我每年都在擔心有些瀕危植物會消失、再也看不到，所以這位諮商者的說法，對我來說真是令人傷心的回答。

「花盆太窄沒辦法長根，好痛苦。」「想要開花的話需要養分，但是主人為什麼不給我？」「日照要很強才行，但是等了三十年也沒能獲得充分的日照。」我指著諮商室裡的花盆問這位諮商者，如果植物有這樣的感覺，他會有什麼想法？對方說從來沒有思考過植物的心情，現在想想太心痛了。

對植物沒興趣，只是靜靜聆聽的另一位諮商者一臉擔心地問，如果植物擁有我們至今尚未發現的知覺，「一直覺得很痛」的話，該怎麼辦？我只是想讓諮商者試著思考植物是活物這件事，才提起這個話題，結果好像給他們帶來了不必要的擔憂。

有一位從學生時期就跟我很熟的博士，是其他大學植物分類學實驗室的前輩，我們會一起做實驗項目和採集，也常常在學術場合遇見，所以就變熟了。重點是那位博士從學生時期就擅長交際，為人幽默。他有時候會來我們實驗室玩，興奮地分享採集植物的旅程中發生的荒謬事件，把實驗室的人逗得哈哈大笑。

有一次我們聊到一棵護村樹的事。村莊入口的古老護村樹，有如守護村莊的神，是被神格化的樹。姑且不論村莊所重視的民俗信仰怎麼看護村樹，從植物學來說護村樹也是重要的個體。常有樹木因為樹齡老而被指定為護村樹，古木在以前戰爭頻繁的韓國十分罕見，因此是進行植物學研究調查的好資料。值得注目的是，每個地區當作護村樹栽種的樹木也都不一樣。

護村樹種類多元，除了常見的櫸樹，銀杏樹、朴樹、筆柿和流蘇，往南的話也能看到樟樹、紅楠和山茶花這類亞熱帶樹木。

基於這樣的理由，我們有時候必須調查或採集護村樹，但是我認識的植物學家都很忌諱採集護村樹。雖然只是從大樹上砍掉殘枝，也不是像拔草一樣連根拔起而導致植物死亡，但他們還是會猶豫不決。雖然這只是迷信，但是傳聞砍伐或傷害護村樹就會惹禍上身。有些人或許會覺得植物學家是科學家，所以好像不在意那種迷信，但其實我們會在意，對於這樣的任務也會互相推託。

有一天，那位博士也跟同事們憂心忡忡地採集了護村樹，結果後來過得不是很順遂。聊到博士和同事們回程路上經歷的意外事件時，不知道有多好笑。對實驗室的人來說，我們採集的日子會注意當日運勢。我笑著說「果然要小心護村樹」。

刺槐又經常被稱作洋槐，為了快速在光禿禿的山上造林採蜜，常常會用這種樹，但現在也有人對其抱持負面的想法，說刺槐是生命力過度旺盛的外來品種。

我參與過為了保護某種樹，而分類出要砍掉的樹的作業。當時我在山上碰到一棵巨大的刺槐。雖然這棵刺槐是古木，但是有鑑於它是外來品種，又會妨礙其他樹木生長，所以我將其分類為要砍掉的樹並圍上紅繩。

當我圍上繩子之後，一轉身就莫名覺得毛骨悚然。有個前輩跟過來說砍掉老樹太過分了，又把紅繩解開。現在每次看到大樹，我就會想起刺槐。當時莫名覺得是前輩救了我，如果沒有解開那條紅繩的話，我應該會深受愧疚和恐懼的折磨。

諮商師：這該說是神靈嗎？我有過感覺到植物靈魂的瞬間。我知道自己是科學家，所以不適合說這樣的話，但是我常常那麼覺得。

諮商者：剛才妳問我植物是怎樣的存在，其實我最先想到的是神聖，但我覺得這樣的表達好像不妥當，所以就沒說了。現在聽妳這麼一提，「神聖」是最適合的形容，同時又覺得有股陰森的氣氛。

諮商師：去採集植物的時候，我常常感覺到那種氣氛。

諮商者：如果植物真的是神聖的，那麼在家裡擺放花盆，會不會很類似在家裡擺聖母瑪利亞雕像？看來以後要對植物好一點才行。

「明明確實是因為喜歡才去做的，
但是每次察覺到自己做的研究很冷門，就會很不安。
覺得自己走在單行道上，所以很煩惱。」

茅毛珍珠菜 *Lysimachia mauritiana*

第三章

為明天做準備的植物教我的事

如同準備了整個冬天後綻放的花

分享農作物的故事，是讓不熟悉植物的人產生興趣的最佳方法。我研究的是野生植物，很想介紹它們不為人知的故事，但是沒看過野生植物的人對那些植物沒什麼感覺，所以我就拿我們食用的穀物、蔬果這種誰都知道的作物來舉例，並講述植物的故事。

光是作物就有很多好玩的故事。我會提到作物的原產地、起源的野生品種、為了使其更美味豐富而使用的農業技術、因為植物而改變的人類歷史。

此外，人們大多只知道販售的作物的部分特徵，所以我也很喜歡傳遞背後的植物學知識。譬如說，即便我們天天吃米飯，卻很少人看過水稻的花。

諮 商 師：我們吃的米是水稻，你們看過水稻是怎麼長大的嗎？

小朋友1：我在稻田裡看過。

諮 商 師：那你們看過水稻開花的樣子嗎？

小朋友2：沒有，我沒看過水稻的花。

諮 商 師：水稻也會開花。這個花瓶裡的植物跟水稻是類似的品種。看到了嗎，黃色的？

小朋友3：哇，這是什麼啊？

諮 商 師：那是雄蕊。水稻也會開出這種模樣的花。

小朋友3：這些一個一個小小的東西是花吧？

諮商師：對，每一朵都是花。裡面的核長大之後就會變成米粒那樣。這個黃色的是雄蕊，看到這邊冒出來的嗎？那是雌蕊。

小朋友3：哇，這個白色的是雌蕊？好神奇喔！

我在無邊無際的金海平原住過。我家四周全是平整的稻田，一出門就能見到寬廣的稻田、灌溉用的大大小小水路，以及看起來像方格布般，將稻田劃分開來的田埂。視線毫無阻礙，一望無際，一個人站在那裡感覺很夢幻。從遠處眺望的話，看起來空蕩蕩的，或是一整片有綠有黃的靜寂畫面，但是如果住在稻田邊，會發現稻田時時刻刻不斷在變化，充滿了活力。

水灌溉進來又被放掉，開始插秧之後，嫩綠色有條不紊地占領泥土之上。水稻開花的時候，那一片廣闊的水稻全是花海。當稻田開始金色蕩漾之際，我觀察了農夫要等到稻穗變得多麼飽滿才會決定收割。布滿天空的烏雲經過平原上方，天色忽暗的某一天，我到稻田裡欣賞那些雲朵。大水路旁邊有牽引機可以經過的寬田埂，我站在那裡看到了一旁展開的壯麗風景，比梵谷的畫作《麥田群鴉》更加壯觀。烏鴉和喜鵲黑漆漆地一片坐在秋收後的稻田上，就跟希區考克導演的電影《鳥》當中的某個場面一樣可怕。

因為我的出現，鳥群同時飛了起來，黑壓壓地完全蓋過烏雲。等到在地上撿米粒吃的動物們結束宴會，農夫便會燒掉被割得短短的乾水稻樁。火焰如同顏料散開，低矮地燒著大範圍的稻田，煙霧隨著火焰的移動升起。水稻四季不斷地努力生長，農夫也勤勞照顧稻田，但在我眼中，它首先是會開花結果的植物，其次才是食用的穀物。

所有的「作物」都像水稻一樣，經過整理後被當成商品販售。塊根作物的枝根被剪斷，只剩下軀體。水果的蒂頭被剪掉以塑造成特定的形狀，黃色的菜葉全被摘掉。綠花椰菜雖然是花苞的集合，卻很難從那麼多的花苞中發現開花的花苞，而蒜頭在花以下的部位連同花梗全部被剪斷。但是，透過那些不太顯眼、未經處理、吃了也沒關係的小組織和痕跡，作物透露出自己是植物。

我經常以草莓為例來解說。草莓是薔薇屬的植物，果實的構造很特別。我們吃的草莓果肉準確來說是叫做花托的組織，這是由花瓣、雄蕊、雌蕊構成的聚合果。我們吃的便是花托膨起的部分。與紅色果肉相連的綠色是花托剩餘的部分，如果把那綠色的蓋子翻過來，觀察和果肉相接的內部，會發現圍繞著多個雄蕊。我們稱作草莓種子的那一粒粒都是果實，用放大鏡來看的話，每個果實上都有類似細毛的東西，那是雌蕊留下來的。我在植物觀察課堂上介紹草莓的植物形態學構造時，很多人原先都以為草莓不過是種子比蘋果或水蜜桃多，但是一樣都是能吃的果實或果肉，因此知道真相後大受衝擊。

只要是會結出種子的植物，全部都會開花。更原始的蕨或苔類則會製造孢子。但凡是植物，就不會跳脫這樣的生活狀態。作物也是植物，所以當然也一樣。解釋作物的植物學特徵時，我反而覺得大家對於天天吃的水稻的花、外觀和其他水果不同的草莓結構都不感到好奇，才真的很神奇。

《植物學家的筆記》出版之後，我上過韓國的廣播節目。有一次節目結束時，主播私底下跟我說他還記得書裡提到的冬芽。他說冬芽不是在春天忽然長出花，而是整個冬天都在準備開花，這令他印象深刻。如果知道植物的成長過程和無窮變化，就會覺得植物的生長規畫和長期準備是很自然的事。對於植物來說，過完延遲生長的冬天就要突然開花，是不可能的事。冬芽是從晚夏開始生長的，如果把冬芽切開來看，裡面已經是完美生長出隔年要開的小花和小葉子的狀態。雖然花朵乍看之下彷彿是在春天忽然夢幻登場，但那其實是花朵長時間努力準備的結果。

科學家需要好幾年，甚至是數十年來做實驗。新人剛進實驗室，第一次做的DNA增幅實驗經常失敗。因為手法不夠嫻熟、因為漏掉了某個步驟、因為條件不符等等，各式各樣的失敗理由都有。像是檢測出不是期待中的植物DNA，而是靈長目的DNA，讓前輩們驚訝地問植物實驗室怎麼會出現人類DNA。反覆經歷這種鬧劇般的失敗，新手當然會意志消沉，再加上愈來愈複雜的實驗和分析，新手會因為找不到實驗失敗的原因而深感挫折。

新的研究結果是透過論文初次亮相，因此所有撰寫論文的科學家都是開拓者，很多時候誰也找不到實驗失敗的原因。在這種時候，就得花很長的時間再閱讀實驗相關領域的論文，改變實驗條件，重新嘗試才行。少了想解決問題的執著和創意力，實驗就會繼續失敗。如果不仔細記錄實驗過程，也有可能會重蹈覆轍。隨著時間過去，不知從何時起，會慢慢變得極度冷靜，不受動搖，不太在意實驗的失敗。就這樣進入不會感到沮喪的超凡階段，獲取所有的資料，完成論文。雖然科學家的挫折不會被寫進論文裡，但是閱讀論文，就能看得出科學家那漫長艱辛的努力。

就算不是科學，其他領域應該也是如此。如同不斷成長、持續做準備的植物，如同配合作物的生長規畫行動的農夫，沒有什麼東西能夠憑空出現或實現。

如同不斷成長、持續做準備的植物，
如同配合作物的生長規畫行動的農夫，
沒有什麼東西能夠憑空出現或實現。

地椒 *Thymus quinquecostatus* var. *magnus*

無論如何還是想努力的素食主義者

全球的人口成長圖表，自一八〇〇年代以後曲線急遽上升。為了養活爆發性成長的人口，人類不斷栽培出多少作物呢？與人類的生存密切相關的植物被高度改良成環境適應能力佳、產量豐富、風味更佳。

全球三大糧食作物分別是玉米、稻米和小麥。無數的個體覆蓋了陸地表面，從某個觀點來說，這些作物是在地球取得極大成功的品種。雖然受到人類的掌控，但它們是地球所有生物中成功繁衍最多子孫的。

人類為了生存，只會最低限度地栽培能讓我們活下去的植物嗎？那倒也不盡然。人類也很關注美食。從這個角度出發的話，如果人類說某個植物好吃，該品種會更容易在地球上成功，就像酪梨。

諮商者：我從小二開始就不吃肉了，沒有什麼特別的理由。我小時候對保護動物也沒什麼興趣。只是小學二年級左右，偶然看到電視上在播跟豬肉風波有關的新聞，於是我忽然果敢地宣示「我從現在起不吃肉了」。自從那之後，我一次也沒吃過。當時不能剩下營養午餐，所以出現肉類的話，我會假裝吃下去再吐掉，偷偷拿去丟。

諮商師：妳小時候好特別喔。

諮商者：從那時候開始到現在，我吃素快三十年了，可是一想到植物也有生命，我有時候也會吃素吃到心情很沉重。感謝植物的同時，我也會思考：「我可以為植物做些什麼？至少可以做什麼或不該做什麼？」

諮商師：雖然我也在努力，但是沒辦法清除所有的欲望，有很多東西無法放棄。

諮商者：我先生有一天跟我說「不可以吃酪梨」，因為酪梨農場的問題很嚴重。所以我就不耐煩地回答為什麼要跟我說那個、為什麼要告訴我我不想知道的事情，害我現在連酪梨也不能吃了。我也會擔心自己連「可以吃酪梨嗎？」都在思考的話，是不是太誇張、太極端了？

諮商師：為什麼要跟我說這個！（笑）我不覺得這很誇張啊。哎，酪梨太好吃了，真討厭對吧。妳對肉類沒有那種感覺嗎？大部分的人不都是因為肉太好吃了，所以沒辦法吃素嗎？

諮商者：我很小就不吃肉了，所以不清楚肉的美味，從來沒有過很想吃肉的念頭。但是我已經知道酪梨的美味了，所以我很難過。雖然為這種事情煩惱很荒謬，可是……

栽培酪梨需要的水量多過其他作物，使得缺水問題更加嚴重。酪梨可以靠出口大賺一筆，經常導致權利之爭，而過度的農場擴建對生態系也造成嚴重破壞。雖然這些問題廣為人知，可是著迷於酪梨美味的人，好像還是多過宣示不吃酪梨的人。

在美國讀書的時候，令我開心的一件事就是可以便宜買到在韓國很貴而無法輕易吃到的水果。我可以盡情享用各種水果，包括酪梨。但是我跟這位諮商者一樣，了解了酪梨的問題之後，看到或吃到酪梨的時候內心總是不太舒服，導致現在沒辦法盡情地享用。

八年前我在英國遇過一位很嚴格的純素主義者，是在蘇格蘭念書的可愛學生。我在倫敦的時候，我們住在同一間民宿。由於他的家人全部都是嚴格的純素主義者，所以他從小就是吃全素，需要開火的料理也幾乎不會做。傍晚的時候，民宿的房客們自然而然地一起圍坐在餐桌旁，那個學生在聊天的時候吃光了整袋的迷你胡蘿蔔。我被那麼大的份量給嚇到，但是仔細想想胡蘿蔔的熱量，又覺得要像他那樣的吃法，才是真正的純素主義者啊。

除了胡蘿蔔，那個學生吃生米也吃得很香。看到這一幕的民宿老闆笑著說祕密終於解開了。老闆為了亞洲房客買了米，儲藏在天花板上很久都沒人碰，現在總算知道那些米消失的原因了。再加上，早上的時候雖然米減少了，卻沒有料理的痕跡，所以老闆還很好奇是怎麼回事，這下終於知道原因了。

我問他吃全素會不會有健康上的問題，他說除了個性變得跟草食動物一樣溫馴，發生爭執的時候沒有戰鬥力以外，沒什麼健康上的問題。

我因為念的是植物學，很自然會煩惱環境保育和肉食的問題，而那個學生的一番話影響了我。我回到韓國之後開始吃素，雖然不像他那樣嚴格地吃全素，但我會盡量吃素。我覺得身體輕盈了一點，長期有問題的皮膚和免疫疾病好像也改善了。

後來我吃素吃了快一年，某天傍晚整個人精神不濟，生了一場重病。我忽然覺得吃肉的話，身體好像會好起來。

於是我就像抓了藥方來服用一樣，吃完肉就睡著了，隔天早上醒來感覺到前所未有的輕盈爽快。驚人的是，眼前的一切看起來好清晰，我的雙眼變得明亮。當我分享自己的吃素故事時，大家都會想說這個植物學家要開始談環境問題了，所以嚴肅地聆聽，然後聽到我睜開眼睛、視力變好那一段都不禁哄堂大笑。接著我便會說人類的雜食動物宿命讓我感到哭笑不得。

最近我跟熟識的作家在聊改善環境問題的食物時，提到了牛奶。我常常製作杏仁奶代替牛奶來喝，或是使用椰奶。可是那位作家說椰子農場的環境破壞問題不亞於酪梨，所以我產生了跟諮商者一樣的心情，對作家朋友說：「唉，為什麼要告訴我呢？害我現在連椰子也不能好好享受了。」

有些真相在知道之後會讓我們感到不自在。跟食物有關的環境問題與生存問題息息相關，但好像又不會馬上直接對他人造成傷害，所以我們很容易逃避問題。有別於許久以前的狩獵與採集時期，現在是不分季節都能輕易吃到各種豐富的食物，也因此大概還有很多隱藏起來，令人不自在的真相。

知道真相之後，痛苦和自責感便會湧上心頭。但就像這位諮商者，去面對不自在的真相，並為此煩惱、思考，是不是比較好？

雖然我當時算是吃素失敗，但我覺得自己將近一年來減少吃肉，也是改善了一點點的環境問題。而且在那之後，我仍持續減少餐桌上的肉類。因為痛苦和自責感而思考各種問題之後，我現在可以實踐的事情也變多了。在未來的日子裡，我的實踐和失敗將會持續下去。

這位諮商者告訴我說，很高興可以討論令她困擾的問題，我最後是這樣跟她道別的：

「我也很高興可以一起思考、討論這種問題。有些人會問這種問題，有些人則不會。那些問都不問的人是從來不曾思考過這個問題，但現在知道還有一個人跟我有同樣的擔憂並提出問題，我也很高興。」

願意面對不自在的真相並提問，是一件需要勇氣的事。如果想將內心的勇氣付諸行動的話，克制和困難也會隨之而來。但是如果逃避令人不自在的真相，追求唾手可得的便利，就會出現更大的困難和不便，這一點我們現在不是也有深刻的體會嗎？

我相信，如果那些願意面對不自在的真相並付諸實踐的小小勇氣凝聚在一起，我們將會慢慢走向更好的明日。

希望許多來植物諮商室的人，
可以找回在忙碌的日常中忘卻的
對大自然的心意。
就像我與訪客們相遇的時光，
讓我能夠重新回顧自己那份遺忘了的心意。

麒麟草 *Phedimus takesimensis*

努力不去擁有的愛的表達方式

韓國流傳著一則笑話，說在韓國只會碰到腳踏車小偷。韓國人幾乎都不會去碰沒有主人的物品，如果有人弄丟手機或皮夾的話會幫忙找失主，但是腳踏車例外。到目前為止我弄丟過手機兩次，每次撿到的人都很努力想還給我。去歐洲旅行的話，常常會被警告要小心扒手，相較之下韓國的小偷確實少一點。但是為什麼只有腳踏車是例外呢？

小時候我家的腳踏車也被偷過幾次。有一次哥哥的腳踏車被偷走又找回來，但那是哥哥自己氣喘吁吁地偷偷騎回來的。偷走腳踏車的小孩把車停在某間店的門口，哥哥找到之後就像搶回被搶走的玩具般趕緊騎回來。他也沒有想到要抓小偷，而是像小賊一樣偷偷取回自己的腳踏車。這奇怪的情境讓我和媽媽笑了很久。

如果小村子鄰里的腳踏車不見了，八成是太想騎腳踏車的鄰居小孩做的好事。我不禁想，那個偷車的小孩到底有多想騎腳踏車，才會做出這種事？所以我對腳踏車賊比較寬容一點。雖然這明擺著是竊盜行為，但我覺得跟偷錢包或手機有點不一樣。那植物小偷呢？我很好奇偷植物的人的心理、人們對於植物小偷的看法，還有植物愛好者的想法。

有別於熱愛植物、種滿植物的母親，我的父親對植物沒什麼興趣。小時候在寒冷的冬日裡，我偶爾會被父母的爭執聲吵醒。一切都是因為植物。父親為了通風而打開陽台的窗戶卻忘記關上，導致植物過了一晚就凍死了。到了早上，母親發現凍死的植物而生氣抱怨。

也不知道父親是沒注意到還是故意的，每次快忘記植物凍死事件的時候，他就又會凍死植物。母親因為心愛的植物死掉而生氣，父親有時卻像是在捉弄她，因為我聽過幾次父親抱怨為什麼家裡的植物那麼多。我家像這樣在嚴冬早晨反覆上演的騷動，就像單元劇的一幕。

一直對植物不太感興趣的父親，卻在剛滿六十歲不久之際，突然從某處帶回植物，我和母親不知道有多吃驚。那是路上常見的植物，剛開始我不太明白他到底為什麼要帶回來。好像是因為父親覺得那植物看起來特別美吧，他終於也開竅了。剛入門的父親對植物表現出來的愛，讓身為植物愛好者的我和母親忍不住露出微笑。我記得那個植物長得不怎麼好，後來就死掉了。

我有個熟識的恩師，也是在辭去工作之後才對植物產生興趣。是我建議他試著種植物，所以春天時他買了花盆、泥土和花種子來種。由於他真的對植物一無所知，所以我推薦他容易栽種又可以很快感受到生命奧祕的牽牛花、向日葵和鳳仙花。

這三種植物真的長得很快，又會開出美麗的花。恩師在那段期間對植物產生了濃厚的興趣。我隔了好一段時間才去恩師家中拜訪，發現他家的高級花盆種了鵝掌藤。葉子上有白紋，看起來挺貴的。有白紋的是被改良成園藝品種或突變種的植物，所以在我眼裡看來不是很健康，但是對植物新手來說那種植物似乎很特別。看看市面上高價販售的白紋植物就知道了。

像盆栽一樣種在高級小花盆裡的鵝掌藤，一看就覺得活不了多久。恩師家裡的環境看起來不適合栽種，而且急需換盆。屋裡的陰影處太多了，所以我勸恩師暫時把植物放到外面，但他卻說絕對不會這麼做。我心想他明明是沒養過植物的新手，為什麼要那麼固執？結果他是擔心放在外面會被人偷走。

長年栽種植物的人都會知道，植物不是抱在懷裡就能養好，而且會深刻地明白到植物不是物品，是活物，所以會先思考怎樣做才是為了植物好。雖然這樣的表達不是很準確，但是植物種久了，好像會產生「放下的心情」。我看著尚未達到這個境界的植物陪伴新手恩師，覺得很可愛。

就像腳踏車小偷，我對花盆小偷也較為寬容。我覺得就算弄丟花盆，也會有人好好養那個植物，所以不會感到沮喪。但是偷竊植物是比想像中還嚴重的犯罪行為。植物園很常有植物被拔走，據我所知，重新栽種的費用挺高的。甚至植物園為了在棲息地以外保存植物而種下的稀有植物或瀕臨絕種的植物，偶爾也會被偷走。

稀有植物或突變植物遭竊，會私下以高價售出，以賺取高額利潤。我和實驗室的同事曾前往濟州島的某個溪谷，觀察瀕臨絕種的日本雞屎樹和草珊瑚。有另一間大學的研究員前一天先去過那裡，他跟我們說了位置。然而我們左顧右盼許久，都沒能找到那些植物，只看到幾個看起來像剛被挖過的坑洞。在杳無人跡也沒有登山步道的地方出現的坑洞，分明是植物小偷挖的。我們原本還半信半疑，但是看起來確實有人跑到溪谷深處拔走了植物，實在令人驚訝又惋惜。

那些日本雞屎樹和草珊瑚，大概會在不知其名的人之間輾轉被賣往某處吧。人們對植物產生過度的占有欲，是因為把植物視為物品，所以才會將植物分等，進行金錢交易和偷竊。

當我聽到最近的流行用語「植物設計師」，也會產生類似的心情，甚至感到很不舒服。植物設計師是指利用植物來裝飾居家的室內設計師。每次聽到這幾個字，我就會想：「意思是植物是室內設計中的小配件嗎？」植物有生命，卻被當成物品來對待，真的好奇怪。對活物的心意可能會變質，轉變成一種對於物品的占有欲，這也令人擔憂。我覺得如果是真正喜愛植物的人，不會貪心地想要擁有植物。

以前人們多半使用「寵物」一詞，但是現在更常稱為「陪伴動物」。寵物的意思是喜歡並放在身邊玩的動物。反之，陪伴動物是指精神上所倚靠的親密動物。這樣的用詞，能讓人感覺到努力深入學習關於動物之事的心意。

或許是因為有陪伴動物這樣的說法，在養植物的圈子裡，也自然而然地開始使用「陪伴植物」一詞。就像人類和動物共存的歷史雖然悠久，但是人類花了很長的一段時間，才把動物當作生物來尊重並努力理解，人類對植物的看法似乎也需要很長的時間才會有所改變。

當我們對植物這種生物開始產生陪伴的想法，而不是想占有的時候，我們所喜愛的植物將會好好長大。

試圖用噴霧器給葉子噴水，讓植物解渴，
是白費功夫的愛的表現。
如果一直付出這種徒勞無功的愛，那肯定是一場單戀。

紅楠 *Machilus thunbergii*

眞的可以養植物嗎？

第一次看到萬年青被稱為開運竹、富貴竹的時候，我就覺得植物又以另一種奇怪的模樣被人類拿來販售了。開運竹的原產地是非洲中部，形似竹子但是比較矮，而且在陰影處長得很好。開運竹擁有特定寬度的軟莖，特別容易經由人工調整，弄成像彈簧一樣被纏在一起或是綁辮子的模樣，甚至是做成愛心形狀來販售。

開運竹生命力極強，即使莖部被切斷了，只要用橡膠或塑膠之類的材質補起來防止切面腐爛，再將另一側的切面插到水中，它就會從莖節冒出新芽。開運竹雖然看起來像樹，但其實是草的一種，所以生長速度快，容易大量栽培。由於它的各種特徵，開運竹很適合商品化。在我看來，所有藉由人工調整再販售的開運竹外觀都很奇怪，但是對於不知道其中緣由的種植者來說，這也可能是陪伴植物可愛的一面。

媽　媽：孩子讀小一的時候，我買了一個植物送給他。因為校方要我們送植物。班上的導師熱愛植物，還會拿乾燥花裝飾教室。我當時送的開運竹孩子種了四年，因為那個契機，孩子變得很喜歡植物。

小朋友：剛開始我也跟其他人一樣只喜歡玫瑰之類的花。如果出現蟲子的話會很討厭，如果花開得很美就只喜歡那個花，不喜歡其他植物。但是有一天班導要我們帶植物到學校。所以我們去了花店，那個長得像竹子，外觀很奇怪，也不會開花結果的……媽媽叫我買那個植物。剛開始我很討厭。它不是長得很醜嗎！而且又不會開花結果，我一直難過地說不想買，但是媽媽說可以種很久的植物比較好，所以我只好挑了那個。帶回家種之後，某天出現了一隻超大的蟲子。當時我還是很討厭那個植物，所以就放著不管。但是它還是繼續生長，就算葉子變黃了還是會繼續長，所以我覺得很對不起它。我從那個時候開始產生興趣、努力照顧它，結果它變得很可愛，突然看起來很不一樣！

小小諮商者解釋著自己和開運竹的緣分，他很愛自己養的植物，愛到植物死掉的話會在夢裡出現，還帶著又喜歡又擔憂的心情，畫了幾幅開運竹的畫。他說家裡有嘗試水耕栽培的溫度計、濕度計和鬧鐘，還分享了植物被介殼蟲、黑翅蕈蚋和蛞蝓襲擊的事件。這位小朋友很熟悉通風和換盆的方法，他說他的夢想是當植物醫生。

我跟他說明水耕植物需要一定的條件，水質要很好才行。小朋友說很討厭危害植物的昆蟲，還說下次要用放大鏡仔細觀察昆蟲。我說那樣的話，他有可能也會喜歡上昆蟲喔，還說了速度緩慢但神不知鬼不覺來到家裡的蝸牛的歸巢本能、跟開運竹一起生長的銀紋海衛矛、植物之間的競爭，還有韓國也有樹木醫生的事。

但是我不忍心告訴他自然生態中的開運竹和市面販售的開運竹之間的差距、植物養在花盆裡會受到令人難過的限制。我沒辦法對著會夢到植物死掉的孩子說，生長在非洲的開運竹在他家裡的模樣其實是不正常的。

這位諮商者雖然年紀小，卻是來到植物諮商室的無數「植物管家」之中，對自己養的植物最有研究的人。不斷地學習，努力嘗試打造更好的環境條件，這些都是養植物不可或缺的態度，但是很多人連要澆多少的水、應該要放在太陽底下還是陰影處都不知道。

因為過分的愛意而殺死植物也是很常見的事。給予植物過多的水分會導致根部腐爛，給予偏好貧脊土壤的植物過多養分，則會害死植物。

如果因為不想看到自然枯萎掉落的葉子而早早拔掉，植物就沒有足夠的時間在落葉的地方形成保護牆。植物有傷口的地方偶爾會受到感染。讓葉子看起來青翠欲滴、閃閃發光的潤澤劑，則會讓葉片組織無法與外界交流，使葉子窒息。在強烈日照下開心噴灑的冷水，也會突然降低植物體的溫度，妨礙植物進行光合作用。

有些諮商者不曉得自己養的植物最後還是會死掉，所以植物一死就感到非常失落。某些諮商者很擔心是自己犯錯而害死了植物，跟我談過之後才發現植物死掉是有其他的因素。很多市面上販售的外來品種本來就不適合生活在韓國的陽台裡。有些販售水耕植物的商家會說只要澆水就可以，但是只有水分的話，植物最後會因為養分枯竭而死。

買盆栽的時候，如果大花盆比想像中輕的話，要翻翻看裡面才行。為了讓花盆拿起來很輕，裡面可能放了保麗龍或樹木組織之類的填充材料。這對於需要土壤的植物來說毫無幫助。有時候也會發生以為花開了，但仔細一看才發現盆栽裡是用針插上假花的情況。插在多肉植物仙人掌上的假花更是特別維妙維肖，一旦發現插在仙人掌身上的是尖針，還真會讓人嚇到。

有些人會買到一年生或兩年生的植物，所以植物沒過多久就死掉。某些經過高度改造的園藝品種被改成只有第一年會美麗地開花或是無法繁殖。這一切都是園藝品種研發者為了持續販售植物而有的構想。

植物的死因千奇百怪。可能是因為植物原本的特性，或是為了將植物當成商品販售所採用的銷售策略，植物也有可能是以不恰當的模樣來到自己身邊，不像在自然生態中那般健康生長。因此，我希望植物陪伴者們不要傷心地輕易將植物的死怪到自己頭上。

遺憾的是，有些人不了解植物的自然死亡，在植物逐漸死去的期間為此擔心，還難過到會做夢或說出再也不要養植物的宣言。如果你喜歡植物，就算費心照顧的植物死了，希望你也能像這位小小諮商者一樣勇敢地繼續喜歡植物。

諮商師：不要再照顧那些植物，不要擔心植物的死活，你不覺得這樣比較好嗎？

小朋友：種植物的話可能沒辦法去旅遊、沒辦法去奶奶家，也沒辦法去睡衣派對，但是我太想種植物了。可是就算我一直待在家裡照顧植物，去年夏天種的植物還是死光光了。突然一下子全部死掉，我受到很大的打擊，好難過，還很後悔，想著：「啊，要是當初沒種過的話會怎樣？我為什麼要帶植物回家……？」

媽　媽：有一天，我在切甜椒，叫孩子幫忙洗。我當時想著：「他在幹麼，該不會又來了吧？」果不其然，他又在埋種子了。

諮商師：看來你以後想繼續種植物？

小朋友：自從那次死了很多植物之後，我也以為植物消失的話，我會比較自在。但是身體舒服了，心裡卻不舒服。現在我真的愛上植物了。

水晶蘭 *Monotropa uniflora*

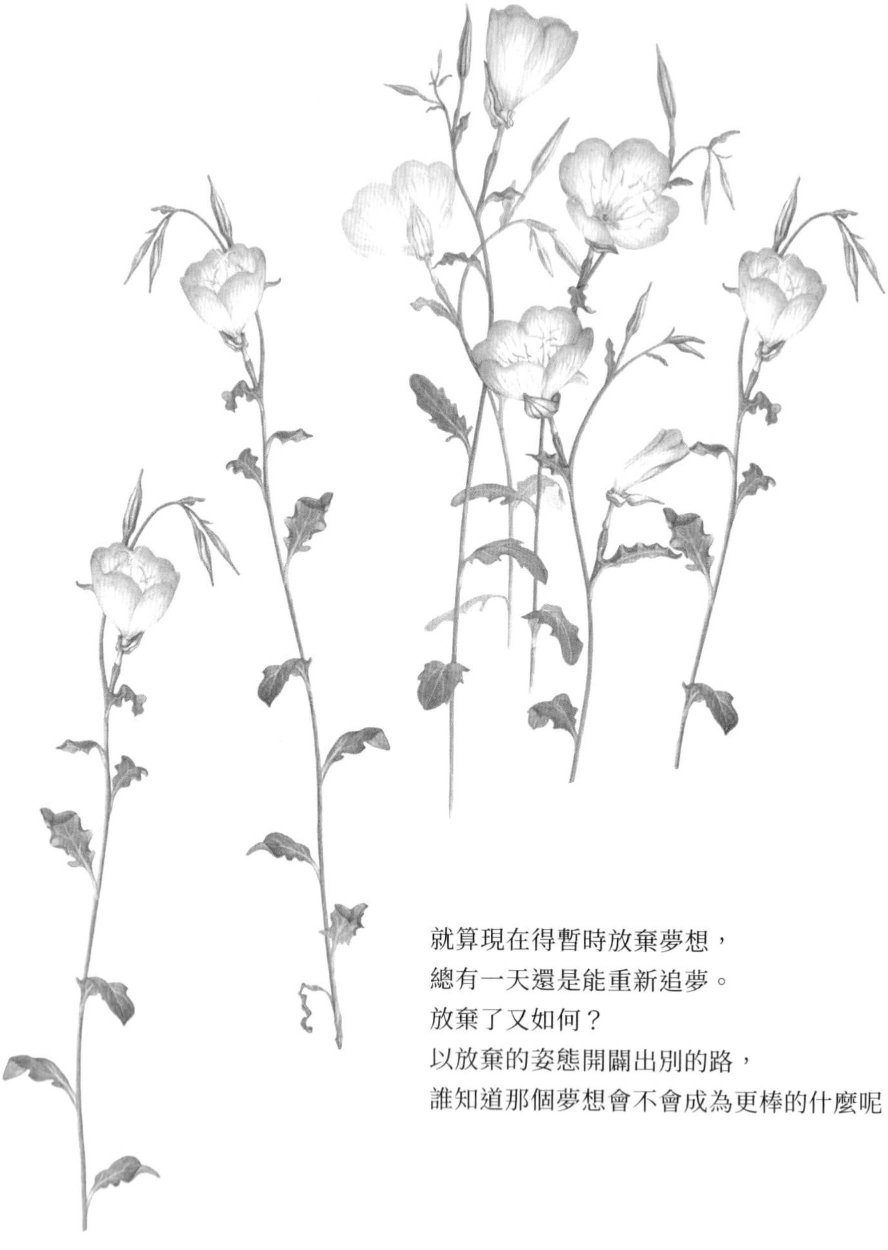

就算現在得暫時放棄夢想，
總有一天還是能重新追夢。
放棄了又如何？
以放棄的姿態開闢出別的路，
誰知道那個夢想會不會成為更棒的什麼呢？

美麗月見草 *Oenothera speciosa*

喜歡植物但討厭爬山的植物學家

我並不想當登山客，但是在成為植物分類學家之後，需要常常上山到有植物的地方。如果跟別人說我在研究植物，對方想像中的模樣可能是待在實驗室裡，皮膚蒼白、表情溫和地栽培植物的植物學家，但是我認為植物分類學者看起來像登山客才是自然的。如果想到我的教授或前輩們，自然也會浮現他們身為實驗室科學家的樣子，但是他們也會像登山客那樣在山中流連。因此，除了為了處理採集回來的植物，將其做成標本的工具，植物標本採集室裡也有登山裝備，像是登山背包、登山背心、GPS手錶、雨衣、採集刀、剪刀、鋤頭和鏟子等等，堆滿了跟科學家有點不搭的工具。

多虧了喜歡旅行和爬山的父親，我在上大學之前幾乎爬過所有韓國知名的山岳。但即使如此，對我而言，以植物學家的身分登山還是大不相同。自從進入植物分類學實驗室之後，我便開始上山採集植物。念大學的時候，我會開開心心地跟前輩們上山採植物，也不覺得有什麼太大的負擔，但是進入碩士班之後，我卻開始擔心起爬山這件事。雖然我從小就熟悉爬山，體能鍛鍊得比別人好，所以很有自信，但是不知道為什麼，主修植物分類學的人外表一看就很像專業的登山客，走的也不是整修過的登山步道，而是從早到晚在深山中四處徘徊，揹著沉重的背包，不確定能不能把植物拔掉或砍掉。男同學的體力應該更好，但我也不想爬山的時候輸人一截。就算暫且不管採集，我也擔心自己的身體光是爬山就會吃不消。

我剛念碩士班的時候，某個前輩曾開玩笑說：「我們研究的是植物，但是很討厭登山。」想像一下全世界的植物分類學家都喜歡植物，但是討厭爬山的話會是什麼情況，我們就笑出來了。我們就這樣在有點輕鬆的氣氛下開始採集植物，幸好我沒有落後，好好完成了任務。

雖然我也曾經在山裡吃海苔飯捲吃到一半噎到，或是在一年之中最熱的末伏時節中暑，但是不曾因為爬不上去或體力不夠而無法採集植物。有一次，我跟博士班的其他大學教授去白頭山採集植物，對方還激動地說我是個狠角色，驚嘆我怎麼那麼會爬山。不知不覺間，我剛進碩士班時所擔心的登山，已經變得像日常生活一樣自在了。

我的登山煩惱消散之後，卻在採集植物的時候中了草毒，因此去看皮膚科，剛好還有時間，就順路又去了隔壁的骨科診所。我的膝蓋偶爾壓到會痛，本來沒有放在心上，那時想著就去問問看是怎麼回事。我自信滿滿地想說自己還年輕，平常也沒事，應該不會有太大的問題。

醫生剛開始也說沒有大礙，但還是到處按壓，結果一按到膝蓋，醫生就說我的軟骨嚴重損傷，問我平常是做什麼工作，怎麼才這個年紀膝蓋就弄成這樣？醫生說再這樣下去的話，軟骨會全部受損，必須換成人工關節才行。我平常沒有在照顧身體，也不熟悉正確的爬山方法，所以會這樣也是正常的吧。前輩們常說全身上下到處不舒服的時候，就能神奇地預測下雨的日子，我聽了總是左耳進右耳出，不當一回事，結果現在我也有職業病了。

有時候我會跟昆蟲學家、鳥類學家、動物學家或魚類學家一起合作採集。我會在一旁看他們採集或是給予協助，有一次我們剛好討論到哪個領域的人最辛苦。

昆蟲或動物會移動，所以可以引誘牠們來到研究員所在的地方。譬如說，研究員會使用捕蟲網，有時候也會把放了食物的小罐子埋到土裡或使其在夜晚發光來引誘昆蟲。但是植物學家跟昆蟲學家不一樣，如果我們要找的植物只長在山頂的話，就得爬到山頂才行。沒有方法可以讓藏起來的植物自己找上門來，所以我們的結論是植物學者很辛苦。不過，聽了研究深海海藻的研究員分享水肺潛水的困難之後，我就得到了安慰，相較之下植物採集還算好一點。

諮商者：植物不也是被大量生產出來嗎？

諮商師：對啊。隨著人類進入農業發展時期，植物就開始大量生產了。

諮商者：這是好事嗎？

諮商師：嗯，我想生產量最大的應該是食用植物吧。除此之外，應該也有人類加以利用的植物。但如果是為了製造出相同的商品，像複製人那樣，基因完全相同的話，該品種的個體數量很多又有什麼意義？該植物的基因多樣性會銳減。雖然因為個體數量多，可以將其視為大範圍占據地球表面的優勢種，但是我們真能說它是優勢種嗎？而且，雖然人類加以利用的植物不斷地大量生產，在此同時，受到人類干涉影響的野生植物也在逐漸死去，面臨絕種危機。

諮商者：植物也會絕種……

諮商師：已經有很多植物絕種了，在韓國國內也是。雖然在我們國內絕種的品種可能國外還有，但如果是全球性瀕臨絕種的植物，很快就會在地球上消失。

諮商者：看得出來人類很努力在保護瀕臨絕種的動物，對於植物也是嗎？

諮商師：對於植物也是。韓國有環境部制定的規範或保育名錄。也有紅皮書，也就是國際自然保育聯盟的紅色名錄，列出全球瀕臨絕種的動植物實際情況。一般來說，人們比較關心動物，所以動物的絕種危機好像更受矚目。可以代表某個地區的物種被稱為旗艦種，指的是對人們具有極大影響力的物種。如果旗艦種面臨絕種，很容易引起關注，因此可以有效拯救該物種生活的整個生態系及其周圍的物種。如果有非常可愛或長相獨特的旗艦種，那就更容易引起人類的關注。當旗艦種是小飛鼠、石虎或長尾斑羚這種可愛動物的時候，人們更容易記住，努力想要保護牠們。而瀕臨絕種的植物品種也很多……

諮商師：原來如此。

諮商者：植物也跟動物一樣正在迅速消失中。比起植物或動物消失的速度，人類的研究速度實在很緩慢。

就像學者之間開玩笑說植物分類學家的絕種速度比植物快，植物分類學家確實也在不斷減少。雖然其他生物分類學家的情況也沒有好到哪裡去。研究真菌類或水中藻類的學者，獲得的關注比植物還少，他們更是深陷絕種危機。

我在實驗室的時候，見過不少中途放棄進修的學生，也就是大學時有興趣，但是沒有選擇繼續主修該領域的人。雖然放棄有各式各樣的理由，但是植物分類學一開始就要面對的探險和採集過程中令人意想不到的勞動和危險，應該也是一大因素。

但是，想要研究植物的話，就要前往植物的世界，想要研究動物的話，就要前往動物的世界。如果研究員只在植物園、動物園和實驗室找尋研究對象，那並不會讓人感到輕鬆，而是會覺得傷心和可怕吧？因為，那就代表地球上的所有物種在大自然生態中都絕跡了。

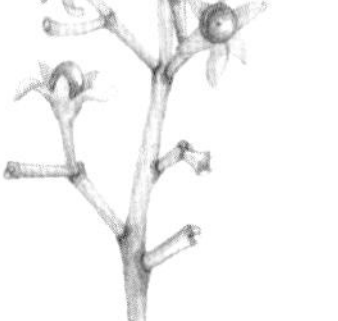

「就算葉子變黃了還是會繼續長，
所以我覺得很對不起它。
我從那個時候開始產生興趣、努力照顧它，
結果它變得很可愛，突然看起來很不一樣！」

紅楠 *Machilus thunbergii*

對老樹的禮貌

有位朋友曾邀我一起去釜山的古宅，他跟我寒暄時提到對於古宅裡的植物很好奇，打算試著種植野生植物。我說謝謝他的邀請，希望哪天可以一起去看看，後來有一天，他來到了植物諮商室。

諮商者：我小時候住在那棟房子裡。因為是在南邊地區，所以三月底或四月初的時候，會從山茶花開始百花齊放。地面和池塘被染得紅通通的，真的美極了。但是後來附近蓋了一間四十二層樓的房子，只有兩層樓高的我家變得就像參天古樹上的一隻蟬。那棟高樓在南邊，所以陽光只會從大樓之間透進來，谷地的風又很強，所以我家裡也發生了變化，空氣、陽光和日照量都完全改變了。

諮商師：唉，好嚴重喔。

諮商者：自從大樓蓋好之後，山茶花幾乎不曾再開花。本來我還很高興家裡被有香氣的樹群環抱，但是現在再也看不到了。因為那棟高樓的關係，我家的日照量不足，所以我委託景觀設計業者替我修剪樹枝，好讓一點點的陽光可以穿透進來。可是業者在我不在場的時候剪掉所有的樹枝，讓我好生氣又失落。現在那裡的院子變得非常非常奇怪。

我本來還一派輕鬆地想著可以去釜山玩，順便欣賞那座院子，但是聽完這段比想像中更嚴重的對話，我心裡不太好受。諮商者說大樓工程導致古宅傾斜，雖然獲得了補償，但是只有針對建築物做出補償，不包含其他部分。

古樹就像古老的建物很難復原，如果人們也可以多為古樹著想的話，那該有多好？其實「復原」這個說法不適合用在古樹身上，因為樹木死了就無法補救。由活生生的植物形成的庭院遭到破壞的時候，照料庭院的人的心情，和失去陪伴動物的人並無不同。看著從小種植的植物不再開花、漸漸死去的模樣，這位諮商者該有多傷心？

明知會擋住陽光還是蓋了高樓的建商、只針對建物做補償的法院判決、沒有細心觀察植物就把樹枝一律剪掉的景觀設計業者，全都很令人火大。我心疼此時此刻仍在逐漸死去的植物，想到可以利用鏡子之類的設施來引入不足的陽光，於是趕緊提議是不是至少現在應該安裝一下。然而，這位諮商者的回答卻出乎我意料。

諮商者：周遭環境的改變太大了，比起復原，我現在更想重新打造新的生態系。大樹沒辦法移除，所以就那樣放著。不是以人的自我為中心或人工的那種……

諮商師：看來那邊已經變得完全不一樣了。應該會發生類似演替的現象吧？

諮商者：演替？

諮商師：隨著時間推移，自然生長的物種會改變。慢慢地改變，最後適合棲息在那裡的物種會進入穩定狀態，達到最好的平衡。這是在沒有人為干涉的大自然中發生的事，所以跟庭院裡的植物生態還是有些差距。我是植物學家，不懂景觀設計，我只知道關於植物的科學。

諮商者：我不需要景觀設計。與其說是想要打造某種風格的庭園，我更想弄清楚現在的生態狀況、哪些植物可以自然地好好成長。所以妳就去看看吧。

聽完諮商者說的話，我反省了自己。雖然對於大樓蓋好後發生的事情很生氣，得快點找到對策，但是我第一個提出的解決方案卻是人為的構造物，不禁覺得有點丟臉。就算人工引入陽光，讓植物再次茂盛成長，那樣的情況、那樣的畫面也不美。

這位諮商者照顧庭園的時候，向來都是盡量避免造景，好讓植物自然地成長、融入，而我卻提出這樣的建議，實在有失面子。如果他是想盡快重新打造繁花盛開的豔麗庭園，那也不會來找我了。我又想了想適合種在那裡的野生植物，建議他一年試種一種，交給大自然的法則決定。

我曾經住在公寓的二樓，房子的陽台前方種滿了植物。玉蘭緊鄰我家前方，長得很高，甚至蓋過了二樓的窗戶。就算陽光被擋住，我們一家人還是很喜歡四季都帶來美麗窗景的那棵樹。雖然那棵樹修剪得挺好，只有擋到我家的陽台，但是公寓的洞代表阿姨（譯註：「洞」為韓國行政區域名稱，類似於「村、里」。）看不慣我們一家對樹的保護，虎視眈眈地想要砍掉它。最後她趁我們睡著的時候，找人偷偷砍倒了那棵樹。

我也曾經住在有著高大水杉的八樓。我選擇那間房子，正是因為長得高高尖尖、很難觀察到花朵的水杉就在觸手可及之處。然而那棵樹也是某天突然被砍掉，就這樣消失了。我高中的時候，發生過綠色和平成員奮不顧身擋下魚叉保護鯨魚的事件，讓我印象深刻，至今難忘。在我目睹樹木突然被砍掉之後，就明白了綠色和平成員的心情。培育樹木比興建建築物更難，所以我希望砍樹是最後的解決方案。拜託，就讓那些樹活著吧。

十二年前我曾經獨自去英國，在打烊的商店前貼出手寫的免費展覽告示，展出自己的畫作。在我觀察路人的時候，某個拿著美術用品的大叔走近。他自稱是建築師，說需要員工，問我要不要一起工作。我只是去旅行卻忽然得到工作邀約，當時雖然慌張，但還是挺開心的。我和大叔在藝術方面很聊得來，很快就變熟了。後來他邀請我去他家，我發現寬敞的庭院裡只有被剪得四四方方的黃楊。大叔說這種植物容易塑型，不容易死，也不會改變，所以他很喜歡，只在院子裡種黃楊。我踏進庭院之前，本來對大叔細膩製作的倫敦眼（英國泰晤士河河畔的大型摩天輪）模型很驚嘆，但是聽到黃楊的事情之後卻好失望。他竟然是把植物當成建築物一般對待的建築師。

韓國也常常在路邊種植黃楊當作圍籬，大部分都跟大叔家的黃楊一樣經過修剪。但是野生黃楊在大自然中會長成又大又低垂的美麗模樣。經常被當作圍籬的水蠟樹、冬青衛矛、衛矛、日本紫珠、齒葉溲疏、齒葉冬青、東北紅豆杉等樹木，如果任由它們在大自然中生長，就會知道樹的真正面貌了。被修剪來當作圍籬的樹都是很常見的樹，但是人們不太清楚那些樹在大自然中本來的模樣。曾有人看到比人還要高且樹枝低垂的野生黃楊，便問我那是什麼樹，聽了我說跟剛才在路邊看到的黃楊是一樣的，對方嚇了一大跳。

有一天，有個種梅花樹盆栽的諮商者來到植物諮商室。他想問的是梅花長得不好，所以搬來搬去，換過各種位置，但還是長得不好。我告訴他梅花本來就是很適合韓國氣候的植物，所以養在外面就可以解決了。天地會提供適合梅花的陽光、溫度、濕度和養分，他的種植問題就會解決。

對於種植盆栽的諮商者來說，這很可能是缺乏誠意的回答或答非所問，但是他聽完卻立刻說要搬到有庭院的房子。對植物而言最好的方法是什麼，不用多說也能知道。真正喜愛植物的人，好像早就知道對植物而言什麼才是最好的解答了。

苦菜 *Sonchus oleraceus*

第四章

守護珍貴瞬間的故事

想告訴剛開始喜歡植物的你

我在植物諮商室常常被問到關於學習植物知識的問題。

「應該要看哪本植物圖鑑？」

「有什麼方法可以快速找到植物的名稱？」

「該如何自學植物的知識？」

「如果對植物有什麼好奇的事，應該問誰比較好？」

「想去植物園看看，可以推薦一下哪裡比較好嗎？」

如果是不僅僅會觀賞植物，還想學習相關知識的人問我問題，那麼我無論如何都想幫助他們。因為他們開始真正愛上植物了。被詢問的時候，我會先反問：「確切來說，你想了解到多深入？」「你想學習哪方面的植物知識？」

以前被問到學習植物知識的相關問題，我總是想提供正規的學問。但是現在仔細想想，大家來找我並不是想成為植物學家，真不知道我以前為什麼會給出那種迂腐的回答？現在被問到這種問題的話，我會試著了解諮商者想知道得多深入、想往哪方面發展，並告訴他們怎麼做會更喜愛植物。

推薦植物圖鑑的時候，我不一定會推薦專業書籍，也不會推薦介紹所有植物的書。如果不了解植物的話，厚重枯燥的圖鑑反而會造成反效果。我會根據季節或是花的顏色推薦輕薄的書。從前我重視的是以植物學來說怎樣才是正確的、內容是不是有系統的、是哪個專家寫的等等，但是開了植物諮商室之後，我發現這些都沒有必要，更重要的是讓諮商者不會覺得無聊，可不能讓任何人因為我的緣故就遠離植物啊。

當有人要我推薦植物園或林園的時候也是一樣。以前我很看不慣讓植物受苦的植物園，以展覽為主的植物園都是那樣。那類植物園會在不同的季節、不同的活動種植植物又移除。過節日的時候種滿花，等節日一結束就又拔除改種別的花，或是在樹上掛裝飾或燈泡，弄得很華麗。不顧植物的習性填滿造型物，也讓我很不舒服。在那些以展覽為主的植物園之中，沒有一個員工是植物學家，也沒有人會透過實驗或研究發表論文。雖然植物園會和研究所或植物學家合作產出論文，但他們並非主導者。

我向來不喜歡以展覽為主的植物園，但是去過美國的園藝展覽庭園之後，我才知道會有這種想法或許是因為自己目光短淺。美國的長木花園是具代表性的園藝展覽庭園。在美國念研究所的時候，資深研究員有點興奮地邀我去長木花園過聖誕節。又說長木花園是某個知名人士打造的名勝景點，非常成功，每年都有無數訪客造訪。

他正在協助長木花園研究某一個專題，所以邀我一起去做實驗，順便欣賞花園。

聖誕節在美國是重要節日，所以長木花園裝飾得比任何時候都還要輝煌燦爛。夜晚會打開流淌出音樂的噴泉，五顏六色的燈泡纏繞著樹木閃爍。植物園裡有很多人，大家都笑臉盈盈，我們也不知不覺在人群中一起笑著拍照。當時我便感覺到自己需要對植物的學習擁有更寬闊、更舒服的眼界。如果來植物園可以跟植物變得親近，開心地帶著對植物的好感回家的話，那沒有理由不推薦這樣的植物園。

諮商師：從農業大學畢業的人，大部分都會決定往農業方面發展嗎？

諮商者：不一定。像是我就會思考：「我想要如何跟植物一起生活下去？」我覺得只要能跟植物一起做些什麼事就可以了。我想要仔細去尋找，所以比起紙上談兵，各種事情都嘗試看看不是更好嗎？目前我正在探索。

諮商師：最近我參加了某個電視節目的錄影，遇見了照顧庭院或森林的人，而我是一直待在學問圈子的新手植物學家。那些人已經跟植物親近很久了，卻沒有人跟植物學有關。雖然都是熱愛植物的人，但是和我不同的是，他們一直待在大自然之中。我見到他們的時候非常驚訝。雖然我在採集植物的過程中見過各種菇類，但當時我還是第一次採到香菇，甚至產生「我是不是白學了？」的想法。他們是用大自然的語言在說話，而我是以學問的語言在說話，但是當我們說出一樣的話時，我還是覺得很神奇。回家之後，我有點放下了只將植物當作一門學問來看待的心態，想要試著透過就在身邊的現實生活去感受植物。所以我第一次嘗試做了醃漬五味子，想要試著體驗自然地融入大自然的感覺。而你似乎和我相反。

諮商者：對，我本來想務農！但是務農久了，我變得更想學習和了解植物。養植物的時候不是會有某種驚奇的感受嗎？我很好奇自己為什麼會有那種感覺，也想知道這個植物為什麼長這樣、跟那個植物不同但為什麼會是同個群體等等。

諮商師：看來你是想學習知識。現在我應該前往大自然的世界，而你應該踏入學問的世界了呢。

諮商者：好像是這樣。（笑）

我擁有過融入大自然之中，慢慢了解植物的時光。不用刻意也能自然而然地沉浸在大自然之中。在植物諮商室聊天分享，令我想起自從研究和投身學問以來，早已遺忘的、熱愛植物的童年回憶。

八歲左右的我喜歡來回走在田埂上，小小年紀就拿著籃子和小水果刀坐在田埂上挖艾草。有一次，我鼓起勇氣跑到遠處看不見我家的田埂。我挖艾草的時候從來沒有遇過其他人，但那天是我第一次碰到了別人。有好幾個阿姨為了在菜市場賣艾草，全副武裝地來到這裡。難怪那裡的艾草無敵多。阿姨們很擔心我一個小孩子獨自待在田埂，另一方面又覺得很神奇，半開玩笑地說：「小朋友，這裡是我們掙錢的地方耶？」

當時我不喜歡味道和香氣強烈的艾草，但還是很努力地挖掘。春天冒出的柔軟艾草觸感很棒，我俐落地把綠色新芽和老根之間的部位切掉，那感覺也很好。挖了艾草回家，母親就會煮艾草湯給全家喝，真的好神奇。偶爾我也會一起挖鄰居告訴我的不知其名的新芽回家，母親高興地說涼拌來吃會有小黃瓜的香味。田埂上的地錢草、阿拉伯婆婆納、寶蓋草、木賊（孢子囊穗）等等在春暉下綻放，有時候我也會一直觀察那些植物，最後帶著空籃子回家。那是我純粹地喜歡跟植物在一起的時節。

仔細想想，我也忘了要怎麼享受學習植物知識的樂趣。大學時期我進入植物分類學實驗室，第一次在那裡吃飯的時候，前輩說要先做一件事，就是猜猜看餐桌上的蔬菜是哪個分類單元的。米飯是禾本科，胡蘿蔔是繖形科，大白菜是十字花科，萵苣是菊科，小黃瓜是葫蘆科，馬鈴薯是茄科等等，必須答對才行。每當有剛開始念植物學的學弟妹加入實驗室，我就會想起那位前輩的教育方法，忍不住笑出來。

前輩也建議過我，採集植物的時候多吃吃看植物，說那是「食鑑定」。「鑑定」是指猜對是什麼植物，「食鑑定」是指食用後猜對植物種類。但實際上並沒有「食鑑定」這個用詞，這個說法也不具科學性。前輩只是想捉弄我們這些不熟悉植物的學弟妹，看我們一臉猶豫該不該相信他的話把植物吃下去。那種時候我一定會吃下去，因為我知道植物沒有毒，很好奇吃起來是什麼味道。前輩又補充說，雖然他是想捉弄我們，但是「食鑑定」、聞味道、感受觸感都有助於快速熟記植物。前輩透過那些有趣的方法幫助我學習植物知識。

現在想來，我徹底忘了自己小時候喜歡植物的理由，也忘了能夠輕鬆跟植物變親近、那種充滿樂趣的學習方式。我現在明明還是很熱愛植物，卻在不知不覺間忘了那些事，總是將植物當成研究對象或工作來對待。我很感謝能在回答植物諮商室的訪客提問時，重新回顧自己遺忘了的心意。

希望許多來到植物諮商室的人，可以找回在忙碌日常中忘卻的，對大自然的心意。

諮商時間有限，所以我只能簡單提供知識上的回答，但是希望我的回答可以幫助大家更靠近植物一些，就像我與訪客們相遇的時光，讓我能夠重新回顧自己對大自然那份遺忘了的心意。

四照花 *Cornus kousa*

植物所珍藏的
神祕寶貴的祕密，
大概只有在植物身邊
持續觀察其四季變化的人
才會知道。

爲什麼一定要成爲只擅長某件事的專家？

「你的夢想是什麼？」

我最近聽說，問學生這種問題是很失禮的事。不過我小時候常常被大人這麼問，所以我總覺得這個世界真的變了好多。

聽到這句話的時候，我會想起尊敬的作家說過的話。他說如果把夢想和職業分開來思考，「你的夢想是什麼」這個問題聽起來也會不一樣。假設有個人喜歡與花為伴，夢想是「要一輩子把花放在身邊！」，那麼就可以思考各種能夠一輩子與花相伴的方法，從中選出可行的來作為職業。

仔細想想，每個人其實都有夢想。因為就算無法將其變成職業，我們也都有喜歡的事物。

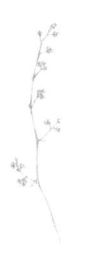

諮商師：是在煩惱自己的前途嗎？你問了很多這方面的事。

諮商者：我本來很苦惱，但是幸好有來諮詢。我正在念西洋畫系，準備要畢業了，到了大四才開始副主修山林環境系。上個學期我上了植物分類學課，覺得非常喜歡。雖然好像疏忽了我真正主修的美術，但是學生物的時候很開心。現在快畢業了，但教授們覺得我一個美術生跑來聽生物學的課很奇怪，問我為什麼要來旁聽。

諮商師：雖然每個教授都不一樣，但他們應該是出於擔心才問的吧？

諮商者：對啊。不僅是我的主修教授來問，連生物系教授也問我為什麼要來上這堂課，所以我很擔心自己現在是不是在徘徊不前，也覺得選修那堂課的話好像會被罵，因為就連我自己也無法好好回答「我想做什麼」這個問題。

諮商師：同時做兩件喜歡的事也沒關係，不需要為此太過心煩。選擇好幾個也可以，每個人不是都會想做很多事情嗎？

諮商者：我總是會想，自己也不是高中生了，這樣三心二意也沒關係嗎？我真的很喜歡美術，我想要繼續喜歡美術，但是也會害怕要靠這個賺錢。

諮商師：就算到了六十歲還是在嘗試各種事情也沒關係。不，我覺得就算一輩子都那樣活著也可以。就把夢想和職業分開來思考吧？

什麼是探索喜歡的事？幾個月前我曾遇到主修植物學的諮商者，他也傾訴了類似的煩惱。在選擇植物學之前，他也對土壤學感興趣。有一次他在土壤學課堂上跟著老師到處採集泥土，捏成甜甜圈的模樣，泥土的粒子愈美，甜甜圈的模樣就愈完整。那位諮商者並沒有太大的興致，但指導採集的老師製作甜甜圈的時候看起來很幸福。諮商者雖然也做得還算開心，但是那位老師看起來不僅是高興，而是充滿喜悅的樣子，所以他覺得土壤學不是自己要走的路。

無論是大學、研究所還是職業，都是因為我喜歡才選擇走這條路的，但是現在想來，這也有可能不是我想像中的那條路。雖然有可能會感到失望、因為選錯而焦躁，或是後悔浪費了時間，但我還是覺得先體驗看看再做決定會更好。肯定有很多如果只是待在外面就不會知道的東西，先體驗看看再放棄也不遲，因為最初那份認真對待某件事的心意和熱情，想必也是美好的。

覺得自己可以停下來了，滿足於某個程度，那也是好事。這位諮商者可能會覺得自己喜歡土壤學的程度不如充滿喜悅的土壤學老師，但是他們可能只是喜歡的方式不同而已。他以後說不定會從事結合植物學和土壤的工作。

在兩個夢想之間徬徨的許多學生，還有想為子女前途提供幫助的家長不僅會親自來訪植物諮商室，也會透過電子郵件或在展覽會場詢問我的意見。每當那種時候，我就會分享自己的經驗。

雖然我從小就喜歡植物和畫畫這兩件事，但是沒有大人建議我繼續學植物。大人認為我的畫畫天分是可以看到成果的，而植物卻不是。大人會建議我當畫家或設計師，或是推薦我念美術大學。我周遭沒有人知道什麼是植物分類學家。就算我說最大的夢想是成為植物學家，大家還是會很自然地叫我去念美術大學。

幸好大學時我找到了很棒的植物分類學實驗室。我很高興可以在那裡學習植物學，並在指導教授的建議之下創作植物畫。但是到了碩士班，指導教授便擔心地勸我考慮先專心學習植物，暫時把畫畫放到一邊。當時我也很煩惱，一想到要放棄畫畫就好憂鬱。

雖然身邊人的擔心令我憂愁，但是我沒有放掉畫畫。我在白天學習植物，晚上或週末畫畫，順利念完兩年的碩士。快要升博士班的時候也發生了同樣的情況，周圍的大人說我真的應該暫時放下畫畫，所以我又開始煩惱。雖然我想著兩者都先繼續做，如果會妨礙到植物學的研究，那或許就暫停畫畫，但是畫畫反而有助於植物形態學的學習。就這樣，我在不知不覺間擁有了畫家這份職業。

雖然我們會擔心比自己年輕的人，想給予對方自認為最好的意見，但那或許只是從我們的各種經驗中所挑選出來的最佳意見。在我們的經驗之外，存在著多采多姿的世界。要選擇哪條人生道路，應該交由年輕人去判斷。

我只是簡述了自己以前的煩惱，其實中間經歷了漫長的艱辛過程。我也曾經信心大減，或是努力依照我所愛的人給予的建議去做。我的心理狀態也曾經和這位諮商者一樣，彷彿身陷暴風雨中那般徬徨。雖然現在的社會鼓勵大家嘗試結合多個領域的專業，但是過往的普遍認知是，你必須成為擅長某件事的專家。以前也有很多人認為必須選一門主修，深入研究某個東西並成為專家，但是在不知不覺間我們已經步入新的時代，看重的是融合或整合不同領域的加乘效果。

以前我為了解決暴風雨般的煩惱，曾經深入思考過「我們為什麼要成為只擅長某件事的專家？」。以往專家待在大學裡鑽研某一門學問的情況很常見，所以我對自己提問：大學第一次出現是什麼時候？我們是什麼時候確立現在的大學課綱的？以前的人又是如何？有誰曾經身兼數職嗎？我試著探索，並找出答案。

我們熟悉的《浮士德》作家歌德（1749-1832），是哲學家也是科學家。寫出《德米安：徬徨少年時》的赫塞（1877-1962），是詩人兼小說家，同時也是畫家。奉獻給生態學的赫克爾（1834-1919）既是生物學家，也是醫生和畫家。撰寫教育著作《愛彌兒》的盧梭（1712-1778）是教育學者兼小說家、作曲家，對植物學的造詣也很深。提到生物學時不可能漏掉的林奈和達爾文也擁有多個職業。想想看，現在的人類壽命長達百歲，這些人的時代其實離我們並不遠。

找到這些先例讓我產生了勇氣，現在的我會毫不猶豫地做想做的事、實踐各式各樣的夢想。而且我希望那些面對喜歡的事情會糾結不已的人們，再多鼓起一點勇氣，不要猶豫不決。小時候的我們好像更清楚自己的夢想是什麼，看看那些來到植物諮商室的小朋友就知道了。

諮商師：我聽說現在已經不能問這種問題了……但是我可以問問你們的夢想是什麼嗎？

爸　爸：沒關係吧？

小朋友1：嗯！我有三個夢想！

小朋友2：我也有三個夢想。

小朋友1：一個是作家，一個是醫生，一個是動物保育員！

諮商師：結果沒有植物學家。（笑）

爸　爸：沒有植物。（笑）

小朋友2：我也有三個夢想！我要當畫家和農夫，還有歌手！

喜歡是一件自然又幸福的事。
不需要什麼了不起的理由。
那些對我來說寶貴且感激的小小瞬間，
也是讓我喜歡上某樣事物的一大理由。

番杏 *Tetragonia tetragonioides*

植物不分國境

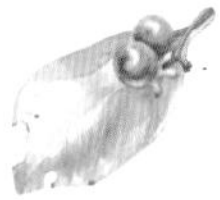

「本土種」這個詞彙在韓國很常見，常會被加在植物名稱之前，像是本土種米、本土種玉米、本土種番薯。雖然「本土種」在韓國經常被當作「韓國產」或「很久以前就有的野生物種」，但是深究其意，其實是「某個地方本來就有的品種」。「我國本土種米」「韓國本土種玉米」其實是有點奇怪的說法，因為米的發源地是中國，玉米和番薯則是美洲。也就是說，本土種米指的是中國的野生品種。如果要指稱早期引進韓國栽培的稻米，那麼更準確的說法是「外來品種米」。

在植物學中，我們更常使用「原生」一詞，而不是本土種。在韓半島自行生長進化，一直存活到現在的植物就叫做韓國原生植物。所以「我國植物」指的是韓國原生植物，但是在我們經常接觸且熟悉的植物之中，韓國原生植物並沒有想像中那麼多。

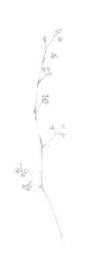

諮商者：小時候跟我爸一起爬山，他會告訴我草的名字，那是很棒的回憶。我本來忘了，但是從一、兩年前開始，我對開在路邊的花或樹木產生了好奇心。不過很難查到它們的名稱，所以我一直都只是好奇。

諮商師：請問你家裡有植物圖鑑嗎？

諮商者：是有一本，但是那本圖鑑跟長在路邊的植物扯不上關係，所以沒什麼打開它的欲望。

諮商師：對吧。不僅是新手很難在植物圖鑑中找到植物，路邊的植物也不太常在圖鑑中出現，因為在路邊看到的植物通常是外來的。那些是「歸化植物」「外來植物」，如果是以原生植物為主的圖鑑，那不管怎麼翻都不會出現。木槿其實也不是我們韓國的植物啊。

諮商者：是喔？外面那邊的行道樹也不是嗎？

諮商師：那種樹通常被稱為一球懸鈴木，又稱美桐。而且一球懸鈴木還有其他種類，像是英桐、法桐，從果實很容易辨別出來。這些樹木都是從國外引進的。

諮商者：啊，我第一次聽到那些別稱。那水蜜桃應該是我們韓國的植物？

諮商師：水蜜桃也不是韓國的植物。

諮商者：咦？水蜜桃也不是嗎？

仔細觀察飯桌上的植物原產地，會發現很有趣的事實。大醬湯裡面有來自南美的馬鈴薯、美洲的櫛瓜、墨西哥的辣椒、中亞的蒜頭、來自中國的蔥等等。

來自印度的小黃瓜、歐洲和西南亞的胡蘿蔔、地中海和西伯利亞的萵苣等其他蔬菜，大部分的原產地也都是外國，所以大豆的原產地是韓半島一帶反而令人意外。水果也是，像是中國的水蜜桃、巴爾幹半島的蘋果、西亞的葡萄等等。

種在我們周遭的植物很多也都是外來的。最常作為行道樹的銀杏樹、美桐；種在圍牆作為爬藤圍籬的凌霄、玫瑰；公園裡的山茱萸、紫薇、自古以來就在韓國文化中登場的梅花、牡丹、蓮花等等都是外來種。雜草中的月見草、白三葉草、一年蓬、苦菜、紫雲英等名字耳熟的植物，有時也會被誤以為是韓國植物，但這些也是外來種。

每次開植物諮商室的時候，我會準備雜草，好跟諮商者一起拿放大鏡觀察，解釋植物的結構。即使是雜草，單獨插在花瓶裡觀察的話也很美。有一次，諮商者問我像這樣摘下美麗的花沒關係嗎？對方好像以為整潔地放在花瓶裡的雜草是某人種的植物。

走在韓國的社區大樓或溪邊等地方，真的處處可見外來種雜草。刺果瓜、豬草、白孔雀花、紫苜蓿等等，這些植物會利用水流快速廣泛地散播種子，所以也很容易看到它們覆蓋溪流周圍的樣子。

雖然要折傷植物或殺死植物讓人很心痛，但是那些外來種植物的生命力很強，是會在韓國扎根、排擠掉原生植物、破壞生態系的入侵種。有趣的是，白花盛開的白孔雀花或紫花很可愛的紫苜蓿，同樣都是狠毒的入侵種，卻不像刺果瓜和豬草那樣遭到蔑視。它們在植物諮商室總是很受歡迎，如果看到很久以前就在韓國扎根的月見草和白三葉草，大家甚至還會親切地歡迎它們。

我散步的河岸邊有依季節栽種的植物。河岸堆起了大石頭作為護坡，避免土石流，而那上面種了波斯菊、油菜、虞美人、黃波斯菊、兩色金雞菊等等。常常可以看到散步、運動或騎腳踏車的人停在路邊拍照。我也會夾在人群中拍照。

小時候我會挑特定的花來拍照，也就是生長範圍脫離特定的土壤或逐漸逃到河邊的花，或是種子蔓延開來、被雨水沖下而在護坡縫隙之間或河水裡泡著根部的花。我覺得這也算是一種「案發現場」，所以就拍下來了。許多外來植物一開始是庭院植物，後來逃到野外變成入侵種，扎根成為歸化植物。看到那些植物因為美麗而被人種植，結果變成破壞韓國生態系的植物，有時候我也會覺得人工研發的園藝品種還比較好。雖然站在植物的立場來說是很悲傷的事，但是，對於生態系的干擾還是應該要盡量減少。

每當美洲、歐洲、中亞等國籍多元的新入侵種變成麻煩的時候就會上新聞，所以韓國人對外來種、入侵種、歸化植物的觀感不是很好。但是韓國的植物在海外同樣也會像罪犯般出現在新聞報導中。具代表性的植物是野葛。野葛是全球最糟糕的百大入侵種。以前野葛因為美如日本紫藤的紫花而被介紹成美麗的造景樹，但是現在卻變成了砍掉莖部也不容易死掉的植物，全世界的人都在學習和分享怎麼殺死野葛。

在美國念研究所的時候，我在森林裡散步，竟然碰到了意想不到的熟悉植物紫蘇葉（荏胡麻），嚇了一大跳。美國超市沒有賣紫蘇葉，韓僑超商偶爾會有但是很貴，所以很難常常買來吃。當時除了研究所的森林深處，就連我去遠處採集的森林裡也有很多紫蘇葉。

起初我以為應該是葉子類似的其他植物，結果帶回研究所一查，真的是紫蘇葉。我跟實驗室的同事說那是韓國人愛吃的蔬菜，大家都驚訝地說第一次知道那個可以吃。但是我仔細一想，卻莫名覺得在遙遠的美國土地上扎根的這個麻煩入侵種是韓國人帶來的，因為唯獨韓國人特別喜歡吃紫蘇葉。

另一方面，我也跟其他人一樣，對入侵的外來植物抱持強烈的負面看法。但是我在美國聽了某場研討會之後，產生了正面的想法。那場會議上有研究指出，在受到人為破壞、一般植物無法生長的地方，如果有生存能力強的外來種扎根的話，外來種在初期會降低該地區的二氧化碳濃度。雖然外來種突然出現，打亂原生植物的生態系發展並不好，但是外來種說到底還是植物。植物不管身處何處，都不會忘記自己要進行光合作用的本分。

植物不分國境。說植物屬於哪個國家、將植物分組，是很沒意義的。植物不過是擁有各自的生長領域罷了。當我在俄羅斯堪察加半島再次看到在鬱陵島見過的韓國手參（Gymnadenia camtschatica）的時候，內心很激動，但是仔細一想，堪察加半島是韓國手參的原生範圍，所以在那裡看到也很正常。

植物都有各自的原鄉。只是遭到人類肆意移動，被貼上外來種、入侵種、歸化植物的標籤而已。

植物本來就沒有罪。

天竺桂 *Cinnamomum yabunikkei*

裸子植物的毬果

行走的植物圖鑑

「這個植物叫什麼名字？」

每次我說自己是學植物學的，最常被問的就是這個問題。還有人會一邊拿出照片來問。如果我看過一次就說出名字，有些人會感到很神奇，並好奇植物的名稱那麼多，我怎麼每個都知道？雖然現在也有拍照上傳就會顯示植物名稱的應用程式，但是他們嘖嘖稱奇的似乎是，我又不是電腦，竟能背下那麼多的植物。

當人們對植物產生興趣，最先想知道的就是植物的名字。植物的種類比想像中多，所以嘗試背下名稱的話，當然會感到混亂茫然。很多人問我熟記名稱的方法，說他們不需要非常專業準確的知識，只是希望能自己認出路邊看到的植物是什麼。但是那其實很不簡單。

諮商師：你是想學大學裡教的植物分類學？還是走在路上看到植物的話，就可以說出「啊！這是什麼什麼」的程度就好？

諮商者：介於這兩者之間呢？（笑）如果只是想知道名字的話，其實跟身邊稍微了解植物的人一起到處走走再問對方就可以了。我想知道更本質上的東西，植物為什麼長這樣之類的。從分類學來看的話，將植物分門別類是有原因的。

諮商師：那樣的話，挑選大學生所學的植物分類學，或是種系發生學之中比較簡單的書來學就可以了。可是專業術語很多又艱澀，所以可能會有點難。如果看不懂像是繖形花序、繖房花序、穎片、外稃、聚合果、核果、蜜腺這樣的用詞，那就沒辦法理解內容。我建議你先去圖書館翻翻看什麼書適合自己、可以從哪一本開始學習。雖然看書學習很好，但是其實有心想知道周圍植物的名稱、勤於尋找也很重要。很多熟悉植物的學者在成為研究生之前就是植物迷了，也有從小就把植物名稱背得差不多的學生。以此為基礎來拓展知識，就會很快。

諮商者：看來早期教育的基礎打得很好呢，我是說那些接近大自然的孩子。

諮商師：對，也有很多植物學家來自鄉下，從小接觸各式各樣的植物，擁有辨別植物的敏銳眼光。就算不懂困難的植物術語，也能預測植物屬於哪個分類群，他們早就知道植物的結構了。

在生物學之中，「鑑定」是指物種的所屬或揭露其名稱。採集回來的植物會被製作成植物標本，這時就要鑑定植物，將名稱記錄在標本標籤上。「希望自己很了解植物的名稱」等於是在說「希望自己很會鑑定植物」。雖然這樣的回答很官腔，但是鑑定植物的捷徑是靠經驗累積和反覆學習。每個人的背誦能力不一樣是沒辦法的事，但是多看看各種植物、多觀察標本、多閱讀圖鑑就可以了。

有些學生覺得爬山和採集很累，採集回來後不想要一個一個觀察堆積如山的植物標本，再從圖鑑中找出它們。有些怕累的學生會因為植物種類太多而感到茫然，放棄念植物分類學。反之，個性相反的學生會慶幸地球上的植物很多，可以不斷學習。

雖然這麼說有點讓人難過，但是如果上了大學才對植物感興趣、進入研究所之後才開始記住植物名稱的話，那就太晚了，要追上從小就是植物迷的學生會非常辛苦。就算可以請教身邊的人，頂多也只能問一、兩次，每次都問的話會很傷自尊心。研究植物的人也跟我說，登山採集植物的時候，如果後輩在山腳下問「這是什麼植物」，前輩會親切地回答，但是到了山頂再問第三遍的話，就會被前輩臭罵一頓。

如果連周圍常見的植物也不清楚，遇到不得已要一個人鑑定無數的野生植物的時候，肯定會覺得很茫然，不知道該從圖鑑的哪一頁翻起。然後就會聽到別人說，收錄韓國四千種植物、厚達兩千頁的圖鑑從最前面一頁一頁慢慢翻閱尋找就可以了。或許有人會覺得這像惡作劇或懲罰，但是從頭到尾精讀植物圖鑑無數次，確實是很好的學習方法。

我很喜歡看六歲時父母買給我的兒童植物圖鑑。主要是花的照片很美，如果偶爾猜對我家附近的植物，我就會很開心。書中穿插的小角色會解說植物的特徵，讀起來也很有趣。我天天看那本圖鑑，直到書本散開，書頁一張張掉落為止。後來我擁有了給大人看的植物圖鑑，裡頭又介紹了兒童植物圖鑑沒有的新植物，所以我也很喜歡。

我自然而然地變得對植物頗為了解，在這樣的狀態下進入大學實驗室，前輩們稱讚我很懂植物，還說我對植物學的了解在同齡人之中是最出色的，那時的我聽了這些溢美之詞便自信滿滿。但是當我看到實驗室的專業圖鑑頁數比想像中還要多，近緣種也很難區分的時候，我就明白了一件事：沒有哪一種植物是容易鑑定的。

有一天，我在實驗室觀察標本、鑑定植物的時候，某個人突然走進來。

「妳好？那是茅膏菜耶？摸摸看花序底下的莖部，應該黏黏的。」那個人說完這句話就轉身消失了。當時我以為觀察中的植物是我那業餘知識所僅知的幾種水蓼之一，我翻閱圖鑑，為著香蓼、花蓼、紅蓼、腺花毛蓼、稀花蓼、蘿藺草、早苗蓼、野蕎麥、水蓼、金線草等等而叫苦連天。但是那個人卻神奇地大老遠也能猜到是什麼植物，我以尊敬的眼神問旁邊的前輩：「那個人是誰？」前輩說：「嗯，行走的植物圖鑑。」對方是畢業了一段時間的博士前輩。後來我才知道「行走的植物圖鑑」在植物分類學者之間是一種稱讚，當時我下定決心也要成為「行走的植物圖鑑」。然而，雖然我從小就開始學習植物，但好像還是沒辦法成為行走的植物圖鑑。

在植物分類學中，採集、製作標本和鑑定是最基本的學習，需要時間和毅力。如果想寫出優質的論文，還要學習DNA分析之類的分子生物學研究，以及種系發生學電腦分析等最新學問。可想而知，從小流利背誦植物名稱的學生，在剛入學時的基礎學科會很順利，但是在植物鑑定的領域，下一個學習階段就不容易了。

「這個植物叫作……那個植物叫作……」我很會猜植物的名稱，充滿自信地以植物分類學的用詞作為根據，但是當我聽到前輩研究者說「因為如此這般的理由，所以這個植物是這個。因為這樣那樣，所以這個植物是這個」之後，便明白到自己不過是擅於猜圖而已。

有趣的是，研究做得愈久的人，愈不敢輕易說出名稱。熟悉植物名稱的業餘愛好者偶爾會在背後說我尊敬的植物學家的壞話，說對方比自己還不了解植物名稱，我聽了就會非常傷心。如果長期做研究的人沒有立刻回答某個植物叫什麼的簡單提問，或是回答時猶豫不決的話，他們大概會在時間充裕的時候和你分享跟傳統民間故事一樣長的答案。

「以前有個學者基於如此這般的形態學根據，將其命名為某某種，但是後來另一個學者又做了分析，將其移到那個分類單元，而我看了新近的研究論文，發現從基因分析來說，這個種類似於既有的種，所以應該要整合才對，但是之後發表的基因組分析論文又有點不一樣……不過啊，最近又有某個學者回報類似的新種。從分子系統發生學來說，那個種更接近，但是從形態學來看又不一樣，所以不能說是相同的種……」

「不過，妳為什麼帶這個植物來這裡？」
「為了拿給大家看。聽過解說再觀察的話，
下次就會在路邊注意到它了。」

茅莓 *Rubus schizostylus*

因爲植物死掉的話，祕密朋友就會消失

自古希臘時代起，區分動植物的重要特徵就是「移動」。動物帶走植物的果實，植物就算受了傷也是靜靜待著。雖然植物顯然也會生長、移動，但是植物比敏捷的動物靜態，因此被視為被動的存在。有時候人們也會在無意間把植物視為無生物或覺得植物是死物。因為植物的特徵就是無法移動，有時我們也能預見植物的死。

環境條件好的話，部分植物可以活得比動物久，像是某些樹木的樹齡超過數千年。然而，如果扎根的地方環境不佳，植物就會死亡。最具代表性的例子就是陽台和花盆，比起自然環境，被裝到花盆裡並種在陽台，對植物而言是很危險的環境。因為只要人們忘記一次沒澆水，植物很快就會迎來死亡。

即使是被視為人類空間的城市，只要環境適合的話，植物也可以活得很久。我家附近有棟老舊的公寓，可能是因為那裡沒有地下停車場，所以樹木向下深入扎根，長得非常高。那棟公寓有一棵很像古廟會有的大銀杏樹，在樹葉茂盛的季節總會填滿公寓住戶之間的空間。

如果住宅的停車場空間不足，有時候樹會被砍掉。但是那棟公寓儘管停車場狹小，住戶也沒有砍掉占據廣闊空間的銀杏樹。肯定會有人在銀杏樹變得更大之前提出意見，但是看來有更多的居民希望銀杏樹繼續存在。如果喜歡在秋天的銀杏葉轉黃時，從陽台另一頭欣賞澄黃的葉浪，應該會想保護那棵銀杏樹。人只要下定決心，隨時都可以殺死植物，但是如果人的心中有著不同的想法，那麼在公寓也能栽種和建築物一樣巨大的樹。

我們用力殺死的植物有時也會活下來，令人不禁肅然起敬。有時候堅硬的植物表皮被燒掉，反而更容易冒芽。被砍掉的樹枝，甚至是只靠一片葉子也會長出根來。有個來諮商室的小朋友說，每天經過的路上忽然冒出沒看過的植物，所以感到很驚訝，同時拿了照片給我看。那是樹木的嫩枝。為了殺死巨樹而砍掉樹幹底部的話，樹墩的附近偶爾會冒出嫩枝。樹在地面上伸出樹枝，在地底下也會延展樹根。如果砍掉位於中間的樹幹底部，無法送到樹枝的養分就會被樹根吸取，瞬間使嫩枝往地上冒出來。以前我遇到過一個老奶奶，她說心愛的柿子樹被颱風吹倒很傷心，但是看到劃過庭院冒出的嫩枝，她又更愛那棵柿子樹了。

人類也會利用植物被砍掉一部分而不會死亡的特性來種植物。曾經有一位認真觀察路邊植物的諮商者來找我。他說最近路邊常常種百合類的植物，看到工人剪掉花苞的樣子，他形容那種行為是「砍掉花的頭」，問我對此有什麼想法。那應該是植物中間剛長出花苞之際，工人為了讓植物產生更多的分枝、開出更多的花苞，才將其剪去。

比如菊花類的植物就是這樣。菊花的栽種過程中，業者會剪除部分花苞，增加整體的花苞數量，讓花盆開滿菊花。這位諮商者說，他觀察到被剪掉的花的位置出現了三個分枝，形成三朵花苞。他說雖然知道工人為什麼要砍掉花的頭，但是這對花來說好像不是很好，然後又問了一遍我的看法。這位諮商者已經透過觀察得知工人修剪花苞的理由了，但是同時感受到人類的殘忍，所以來找我諮商。我想正是因為如此，他才會用「砍掉花的頭」這樣的表達方式。

不久前，我在某間自然史博物館舉辦了展覽。為了符合自然史博物館的形象，除了植物之外，我也打算展出多幅生物畫作，所以我跟策展人說希望展覽名稱中包含「自然史」三個字。我平常就覺得「自然史」的涵義很有趣。然而，我卻聽到了意料之外的回答：策展人說自然史這個詞彙會讓參觀者想到「植物人」和死亡，或產生誤會，所以謹慎一點比較好。我從來沒有那樣想過自然史，所以一時感到手足無措。我是植物學家，本來就不明白為什麼「植物人」這個用詞會包含植物，並對此感到不開心，而現在竟然連「自然史」一詞也……

平日裡看到新聞出現植物政府、植物國會、植物總統（譯註：韓國人諷刺韓國政府或政治人物處於腦死狀態的網路用詞）等形容的時候，我雖然無處可以抗議，但是仍隱約有點不滿。植物是多麼聰明伶俐又活力四射的生物啊。

但即使我堅定地認為植物充滿了活力，還是很常被問到「這個植物現在死掉了嗎？」，因為對方不知道種植中的植物是死還是活。有些人會在植物已經死了很久之後，繼續期待它冒芽，相信植物還活著。活著的植物和死掉的植物外觀分明不一樣，光是用看的就知道，但是有些人好像很難區分這兩者。我會向詢問者具體說明判斷的方法，例如就算沒有葉子，也可以觀察夏芽或冬芽是否還活著、木質部和韌皮部是否濕潤、根部有沒有乾掉、長得像線的鬚根是否健康。聽到有人因為無法區分能感受到活力的活生生的植物和死掉的植物，而問我這個問題，我總是覺得有點心酸。

「這個植物死掉了嗎？」從這個問題本身就能知道，提問者已經明白植物是活生生的存在了。植物在達到真正的死亡之前，也會跟動物一樣奮力活下去，無論黴菌或細菌皆是如此，只是各自的生存方式不一樣罷了。所有生物都是擁有生命的存在。

有一對上小學的姐妹和媽媽一起來到植物諮商室。小朋友們藏不住興奮的表情，驕傲地一張張拿出她們種的植物照片給我看。那副模樣實在太討人喜歡、太可愛了，我跟她們聊到差點就要超過約好的諮商時間。

這對小小諮商者從種植的植物身上發現蛞蝓之後，就把蛞蝓養在瓶子裡。起初害怕的心情漸漸不知去向，她們每天就那樣看著，開始會為蛞蝓費心思，還產生了感情，將其取名為「自然」。小小諮商者說，發現蛞蝓死掉的那天，是打從出生以來最難過的一天。為了珍藏，她們拍了非常多張死掉的蛞蝓照片，光是聽到「自然」這兩個字也會紅了眼眶。我很好奇當種植的植物死掉時，她們會是什麼心情。

諮商師：植物死掉的時候，妳也哭了很久嗎？
小朋友：植物死掉的時候，我沒有哭。植物死掉拿去丟的時候，我很難過。

每到晚上，植物就會在夢裡出現。植物常常在夢裡出現。我夢到植物就會哭。

諮商師：為什麼那麼喜歡呢？因為很可愛？

小朋友：生命真的很寶貴，也很可愛。還有對我來說，植物真的就像是我的祕密朋友。

馬鞭蘭 *Cremastra variabilis*

不需要變得偉大啊

山茱萸果實在秋天轉紅，熟透了也不會掉落。整個冬天，掛在樹枝上的果實誘惑著鳥群，等到紅葉掉光，剩下的紅色果實更加顯眼。某個晚秋的日子，山茱萸就這樣掉著葉子，讓果實看起來愈加亮眼，伴隨著淅淅瀝瀝落下的雨和冷颼颼的氣溫，我常去的那座公園沒有其他人。

我喜歡一邊散步，一邊觀察周圍的生物。那天天氣不好，我本來不想出門，但是又得去觀察樹木，所以還是勉強出去了。我看到山茱萸掉下的紅葉，正想著秋天也要結束了，就看到非常顯眼的白色毛頭鬼傘從樹底下的落葉間冒出來。那是我第一次親眼看到只在圖鑑見過的毛頭鬼傘，所以我趴在樹下，久久未能離去。

一般來說，菇類會在潮濕的天氣冒出來，天氣變好的話會消失不見。我常常去那座公園，卻從來沒看過毛頭鬼傘，多虧那天是陰天，我才能與它初遇。毛頭鬼傘的菇傘展開之後，邊緣會變成像墨水般融化滴落的獨特形狀。這不單純是毛頭鬼傘消失的過程。我接住滴答落下的墨水，興奮地帶回家，用顯微鏡觀察到墨水中有著數不清的孢子。我觀察著，翻閱論文和圖鑑，並製作標本，不知不覺就到了晚上。雖然我不是研究菇類的真菌學家，也沒有要寫論文或栽培菇類，但我就是很喜歡這樣的時間。

除了菇類，我也喜歡所有的生物。我家冰箱裡的節慶多彩海蛞蝓和東洋多彩海蛞蝓放了五年以上，如果我是在海邊長大的話，說不定會成為研究海洋無脊椎動物的學者。畫畫也是。雖然我畫的主要是科學圖解畫，但我其實也會畫其他東西。我也喜歡不一定能稱之為畫作的形態，或是其他藝術領域的創作。

我曾經把我的自由創作給要好的美術大學教授看過，他要我繼續累積作品，再多努力專注於繪畫，但是被我鄭重拒絕了。對我來說，自由自在地畫畫和觀察菇類是一樣的。做那件事的當下很幸福，雖然不做的時候無法忍受，但是就算沒有完成什麼東西，我也會感到滿足。我做這些事是想要抒發，不是想獲得認可啊。

諮商者：我現在在植物園工作。因為剛好有個機會，就被錄取成為公務員了，今年是第四年。不過，我只是反覆做所有的事，沒有新的工作內容，所以開始有種人生在原地踏步的感覺。我想做新的事情，也有創作的欲望。

諮商師：你不是要辭掉現在的工作吧？還是也有那個念頭呢？

諮商者：我最近煩心的事很多，所以也會想說乾脆辭職去做別的事，是不是也是解決方法？但我還是要養活自己，所以無法輕易放手。

諮商師：那你不能在目前工作的植物園提議或發起新的工作內容嗎？維持生計的問題不太好解決，但是有好同事和穩定的職場，不是很有福氣嗎？雖然你也可以開始做新的創作，但是何不先試著在你目前負責的植物園溫室實踐想法？就是嘗試看看你最擅長的創作。跟在溫室遇到的人們一起嘗試做些什麼、撰寫溫室探訪記，並想想出版的可能性、利用那裡的植物當素材來創作等等。你也想畫畫嗎？

諮商者：這真是好主意。要寫文章還是畫畫，我還沒有具體的想法。雖然我很想表達些什麼，但是我的想法很模糊。我到國中為止都是以入學考試為目的在畫畫，但是考完之後我就完全放掉美術了。現在才想重新開始，覺得很茫然。

諮商師：我覺得「茫然」這兩個字和創作有點不搭。創作的時候感到茫然反而是好事，不是嗎？所謂的藝術，好像不是開始去做才有，而是我們內在本來就有的東西。如果你是想滿足創作欲望，想要感到幸福的話，那我不覺得學習是必要的。有時候心中茫然，我們反而會在不知不覺間快速做出成果，因為抱持著要達成某件事的目的性，不是嗎？「希望感到幸福」這句話之中，不知不覺也隱藏著「想變得偉大」的意思。

諮商者：我也有想要出名的欲望。

諮商師：我覺得無論是誰都會有，但是我們要懂得區分「幸福」和「偉大」。因為本來就不需要變得偉大啊。

我曾經在一年裡每週固定指導一天三到四小時的植物圖解課。很感謝三年來認真學習的大約二十名學生，如果加上中途放棄的學生，我大概接觸了四十名學生。能夠遇到年齡、職業和個性不同的人，讓我學到了很多。

我認為韓國需要會使用科學的方式來繪製圖解的人才，所以積極地開設了對一般人多少有點困難的植物學課和畫畫課，我還派了大量作業給學生。檢查作業的時候，有些學生會積極完成比預定分量還多出兩、三倍的作業帶來給我看，讓全班吃驚不已，也有人每次都不寫作業，但是會讓上課氣氛變得愉快，因此也深受同學的歡迎。

班上也有主修美術或擅長畫畫的人，或是已經很了解植物的人。與他人交流的同時，我會思考很多跟創作和創作者有關的事，也就是什麼個性的人可以成為真正的創作者？像是對材料、方法或成果不會感到迷茫的人、成果和創作過程都同樣有創意的人、在無人旁觀的創作過程中也會傳達心中訊息的人、堅決不想隨波逐流的人、歷史上獨一無二的人、穿梭於不同流派的人、不帶有經濟性目的而創作的人、不滿足創作欲望就無法忍受的人、上課前後一直在獨自持續創作的人等等。

每週快上完課的時候，我會介紹一幅歷史上某個畫家的畫，並指派作業，要學生了解那幅畫和畫中的植物。下一堂課則會留時間給學生輪流發表意見和討論。我想介紹在西方廣為人知，韓國人卻很陌生的植物圖解史，也希望學生在看到多名畫家的人生或繪畫風格後，找到自己的方向。

我不會刻意只挑選好的畫作或畫家來介紹，也有在當時很偉大，但現在發現是受到高估或虛有其表的畫家。有些畫家會利用政治局勢，待在權力者身邊，繪製投其所好的豔麗花圖。有畫家利用自己是植物學教授或有名望的科學家身分，留下大量低水準的圖解。也有些畫家的鋒芒被上述的畫家們掩蓋，又過了數百年才重新受到矚目。

就算不是科學和藝術領域，所有的事情終究都是由人類完成的，所以要對成果做出客觀的判斷會需要大量時間。當權力消失，擁戴他們的後代子孫也全數消失，終於可以變得客觀的時候，應該就能辨認出真正優秀的畫家。這麼說來，要判斷現在的某個人或成果是否真的偉大，會不會太早了呢？

如果你想開始創作，希望你能把重點放在自己的幸福和當之無愧，然後開始嘗試。這樣一來，應該就不會那麼茫然了吧？就算沒有顯著的成果，也許那個過程就會讓你感覺很幸福了。

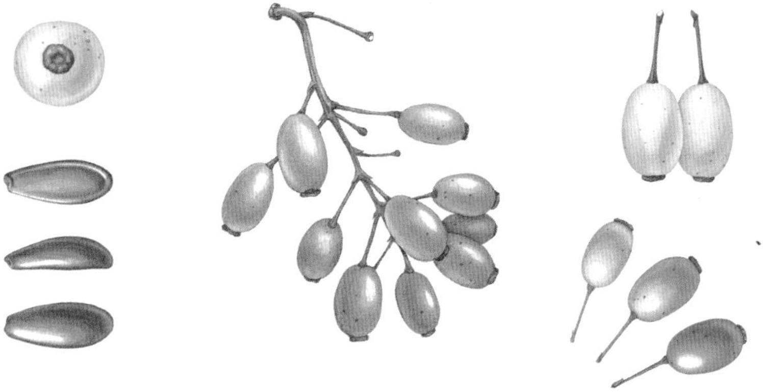

人活下去需要多少東西？
要知道自己擁有的東西有多少價值、有多珍貴，
當某個珍貴的事物來到身邊的時候，
才有辦法辨認出來。

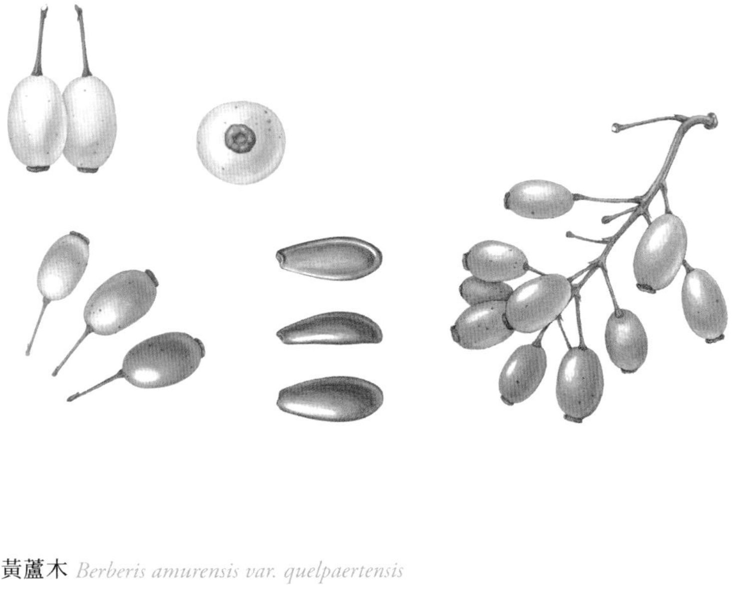

黃蘆木 *Berberis amurensis var. quelpaertensis*

猶豫的青苔研究者

諮商師：你碩士是學苔類植物，也就是蘚苔類嗎？韓國應該幾乎沒有蘚苔類研究員吧。你學的竟然是幾乎沒有人研究的領域，真令我開心。

諮商者：對，我本來對演化發育生物學感興趣。阿拉伯芥有很重要的基因，而苔類植物也保有一模一樣的基因，我的指導教授對此很感興趣。雖然實驗室沒有這個專題研究的領域，但是我想研究，所以就做了。我在有相關資源的其他學校實驗室學習，碩士課程就馬馬虎虎地應付。

諮商師：你好像很努力，應該不是馬馬虎虎應付過去的吧。自然系碩士班的學生在兩年期限內完成實驗和學位論文，我覺得這值得稱讚。根據剛才你說的研究過程或決定好的往後出路，看得出來你非常優秀，但是你在煩惱什麼呢？

諮商者：我大學是念化學。我對植物化學物質感興趣，所以開始念化學，但是後來我覺得植物的進化或發育更有趣。不過真的踏入這個領域後，我發現這門學問太冷門、太非主流了。以前我參加過生物學學會，在癌症研討會上，大家聽報告聽得很認真，但是一到植物研討會，所有人都跑去滑雪了，讓我覺得植物學果然有點冷門，而其中的進化和發育領域又更小眾了。

諮商師：讀完博士，又去當博士後研究員，研究得愈深入愈專業，我們就愈非主流，不是嗎？但是在植物學中，我念的分類學應該才是最冷門的吧……

諮商者：明明確實是因為喜歡才去做的，但是每次察覺到自己做的研究很冷門，我就會很不安。覺得自己走在單行道上，所以很煩惱。

我看過很多沒能在兩年內拿到學位的碩士班學生。「結業」是只要修完學分就可以，並不是獲得了學位。想取得學位就必須寫論文，但是大多數人都是讀了碩士才第一次寫論文，要寫完很不容易，所以會延宕，一直處於修業狀態或是放棄學位。雖然有人開玩笑說碩士論文是拿來墊泡麵的，但是寫論文對當事人來說很不簡單。

這位諮商者在有限的時間內，在很好的大學念完碩士，他前往英國讀博士班之前，來到植物諮商室找我聊聊。一路聽他說下來，我發現他比我聰明，也睿智地走在科學家的路上。一開始，我覺得他看起來不像是會為研究所苦惱的人，不過他說自己的領域太冷門，所以想找也在研究非主流學問的人談談。在植物學領域中，我讀的分類學確實是很冷門的學問，很多大學甚至都沒有植物分類學教授。我雖然也和他有過相同的煩惱，但是我覺得分類學最好玩，所以從來沒想過要換個領域。研究所是根據個人意志，為了進修喜歡的學問而去的地方。

我念過的大學裡有各種植物學實驗室，但是我們實驗室研究的是分類學，跟其他實驗室的研究主題八竿子打不著，所以不常一起做研究。其他實驗室的人看到我們在山裡迷路好幾天，穿著髒兮兮的登山服和登山鞋，跟同事們穿過步道或整理採集回來的植物標本，就覺得很神奇。

其他實驗室的人幾乎一整年沒有到外面，只待在實驗室裡，所以皮膚很蒼白，但是我們實驗室的人全都曬得黑黑的。雖然每個主修都有困難之處，但是我們要進行考驗體能的採集和標本製作，要有分類多種物種的背誦能力，又要像其他實驗室的人做實驗用電腦分析，所以我也曾唉聲嘆氣，覺得要做的事情包山包海。其他實驗室一起進行大型實驗專題的情況很常見，但我們是按照植物分類單元孤單地各自做研究，例如分成菊科、薔薇科、蘭科或禾本科。不過，大家都不介意，因為我們只是一群想研究植物分類學而聚在一起的人。

我在植物諮商室遇到了形形色色的人，想展開實驗室生活的大學生、研究生、博士後研究員，甚至是教授。我開始攻讀博士學位大約一年的時候，曾遇過一位年輕教授。當時我正在煩惱要在哪裡繼續博士後研究員的生活，那位教授吐露了近期的煩惱，說他發現自己不適合當教授。雖然是因為研究成果優異而成為教授，但是一當上教授之後，他便明白自己是想做研究而不是當教授。

我以為拿到博士學位的話，煩惱好像會少一點，結果又開始為博士後研究員的生活發愁。而對方卻說當上教授之後也有煩惱，還真是令人失落的領悟。忘記是在哪裡聽說過一句話：自己現在所活出的日子就是未來的模樣。那位一直都做得很好的諮商者，現在應該在英國過著精采的博士後研究員生活。

在我尊敬的韓國植物分類學者之中，有一位是目前已經退休的朴壽現先生。他對於整理韓國的歸化植物、蕨類植物、禾本科和莎草科貢獻良多。早期的研究氣氛較注重原生植物的研究，針對歸化植物的研究非常不足。

而且蕨類植物、禾本科和莎草科全是艱澀的分類單元。蕨類植物是沒有花的蕨類，禾本科是像結縷草或水稻一樣葉子長長尖尖的種類。莎草科的外觀和禾本科相似，所以更難分類。不然怎麼會有人開玩笑說「鑽研禾本科的話會學到死」呢？實際上也真的有植物學家過勞死。如果剛進入碩士班，指導教授給的研究專題就是禾本科的話，前輩們都會半開玩笑地說：「欸，你研究禾本科的話，說不定會研究到死！」

我問過朴壽現先生為什麼會研究大家所迴避的分類單元，而且還是四種，那位老學者笑著說：「因為沒有人要研究啊！」做大家不願意做的事情，也許是件很偉大的事。

大學時期曾建議我嘗試植物畫的朴宰興教授，收藏了幾本國外出版的植物圖解畫冊。我曾經看著那些書、論文和圖鑑，一個人畫起了植物畫。我從校園植物一個一個開始解剖並記錄下來，一直畫到深夜，不覺時間的流逝，所以有時候教授也會趕我回家。

我是透過書籍自學的，並不曉得自己畫得好不好。儘管如此，我還是很認真地畫，因為當時教授說過：「雖然我不會畫畫，也不了解這個領域，而妳也是自學的所以不清楚，但是只要持續累積畫作，總能成就什麼事吧……我後來才知道按照形式精準繪製的話，就是走在正確的路上。如果妳畫了不同形式的畫，那麼應該是開拓了全新的領域吧。」

因為這段話，我才會一直持續畫畫到現在。去做人們選擇不做的事，也就代表你成為了開拓者。

我們很容易覺得人生的答案在遠處。
但是仔細觀察養在陽台的植物，
你會發現它擁有賢明的智慧。

天竺桂 *Cinnamomum yabunikkei*

植物諮商室的溫暖小故事

死掉的小魚埋起來之後發芽了！

小朋友1：我家有叫做「白雪公主」的花，可是在開花之前就出現病蟲害之類的東西，所以我們把它拿到外面放，結果被別人拿走了。

小朋友2：那個時候啊，被蒼蠅偷襲了！因為花很香，所以蒼蠅一直飛到家裡面。睡覺的時候，蒼蠅偶爾也會黏在我的嘴巴上，所以我就想說不管了，只能暫時把花移到外面。社區大樓有一個聚集花盆的地方，夏天花盆淋了很多雨，所以長得超好。真的長得很好，旁邊還長出三片小葉子！

小朋友1：可是冬天的時候不見了！所以我們就去問，聽說有人保管著，所以我們想說他們可能春天的時候會再拿出來放，但是到了春天也沒有拿出來。真的一直沒有拿出來，現在也沒有。

諮 商 師：這麼說來，是有人偷走了？

小朋友1：對，好像被偷走了。以前我養過三隻小魚！但是全都死了，我把牠們埋起來，上面長出了小小的植物，而且剛好還是三個！

小朋友2：魚就埋在那個花盆底下。夏天下雨過後，就長出三個植物了。

諮 商 師：埋起來的是魚，但是放在上面的花盆卻冒出植物……是牠們重新投胎了嗎？哎呀，好可愛。魚重新誕生為植物，結果被偷了，這該怎麼辦？

媽　　媽：孩子太難過了，一提到這件事就會掉淚。

這顆豆子掰開來又會出現什麼？

（植物觀察記：紫苜蓿）

小朋友1：媽媽，這個剝開之後跑出水來了。這個水是什麼啊？還有這種果實。

諮　商　師：那是叫做紫苜蓿的植物，開完了紫色的花，現在都凋謝了，然後裡面像這樣結了果實。你們摸摸看。

小朋友1：撕開這個的話，又有液體跑出來。

小朋友2：諮商師，我可以用這個嗎？

諮　商　師：嗯，兩個小鑷子都拿去用沒關係。有點尖銳，所以要小心喔。

小朋友1：咦？這裡出現了什麼！

諮　商　師：出現什麼了嗎？從旁邊掰開的話，應該會出現圓圓的一塊？

小朋友1：鼓鼓的，出現圓圓的東西了。

小朋友2：哦，是這個嗎？諮商師？

小朋友1：諮商師，跑出某個東西了！

諮 商 師：哦，沒錯。就是那個，那個！

小朋友3：是這個嗎？

諮 商 師：對，這裡長得像這樣的東西，這邊閃閃發亮的淺綠色是豆子。是豆類。我們切開的是豆莢。紫苜蓿是豆科喔，跟豆子很接近。這個是豆莢，而裡面會出現豆子。

小朋友2：哇！好像豌豆。剝開這個豆子的話，又會出現別的東西嗎？

小朋友2：會出現原子吧！

小朋友1：掰開原子的話會出現什麼？

小朋友2：原子不會再繼續裂開。

小朋友1：不對，可以繼續把原子掰開，用奈米機器人。誰說不行的？其他的也會出現這種東西嗎？

諮 商 師：掰開其他的看看吧？

小朋友1：那個是什麼啊？

諮商師：這是叫做黃荊的花，花謝的話就會像這樣長出草綠色的果實。這果實裡面有種子，果實有點硬，所以不太好掰開。我拿掰開一半的給你們。

媽　媽：啊，白色、白色。

小朋友1：出來了！

諮商師：那個是種子。成熟的話會更好弄出來，現在有點難弄。

小朋友3：哇！這個還沒有熟嗎？

諮商師：對，還沒有熟，綠綠的對吧？

小朋友1：變熟的話可以吃嗎？會苦嗎？

諮商師：這個嘛，要吃的話不會太小嗎？不能吃喔。

小朋友3：想見老師的話，來這裡就可以了嗎？

諮商師：啊，植物諮商室不是每天都開。

小朋友2：那下個月再來就可以了。

媽　媽：（笑）

雖然昨天還看不到，但從明天開始就會看到了

（植物觀察記：平原菟絲子）

諮商者1：最近不是有很多人當植物設計師嗎？學習插花的人也真的很多。但是我從來沒有買過花，因為我覺得花有點噁心。

諮 商 師：會不會是因為你還年輕？

諮商者1：啊，是這樣子嗎？我不知道自己算不算年輕。外面的花很美，但是我覺得放在家裡的花有點……

諮商者2：我也不喜歡收到花。

諮商者1：送我的話，我是很感謝，但僅此而已，我不覺得有什麼意義，放在家裡也不會覺得「好美！」。我從來不會那麼想。

諮商者2：沒錯、沒錯。

諮 商 師：大部分的人本來對植物沒興趣，但是等到退休後上了年紀，手機裡

就全是花的照片。（笑）

諮商者1：我之後也會變成那樣嗎？不過，我可以看一下這個嗎？

諮 商 師：可以，要替你介紹一下嗎？這個叫做眼罩式放大鏡，可以像放大鏡一樣放大觀察東西。眼睛靠過去的話會看得很清楚。看到了嗎？

諮商者1：嗯，不過這是什麼啊？

諮 商 師：這是叫做平原菟絲子的植物。

諮商者1：平原菟？絲子？名字好特別。

諮 商 師：是菟絲子，平原菟絲子。這些植物都是寄生植物。

諮商者1：寄生在哪裡啊？

諮 商 師：其他植物身上。請看看這個。

諮商者2：啊，好噁心。

諮 商 師：看看這邊，這不是我們很熟悉的狗尾草嗎？它會像這樣一層一層包住狗尾草的莖部底下。

諮商者1：它都是這樣生長的嗎？

諮　商　師：對，你看平原菟絲子，沒有綠色吧。幾乎都是黃色的，也沒有葉子。它本來就不會長葉子。

諮商者1：那它只會長花嗎？好特別喔。

諮　商　師：呈現綠色就代表有葉綠素，有葉綠素的意思是會行光合作用！它沒有葉綠素，也不會進行光合作用，但是會搶其他植物的養分來吃。看看這邊，不是整個包住了嗎？它的根部已經鑽入其他植物，成為依附在別人身上的一部分了。

諮商者1：啊，所以才會突起來啊。

諮　商　師：它是搶其他植物的養分來吃，所以只會努力開花結果。那個就是花。有五片花瓣，中間冒出來的兩個是雌蕊，邊緣那五個是雄蕊。然後大一點的黃黃的那個結果了。掰開果實的話，裡面有種子。一般來說有四個左右，你放大看看，長得跟牽牛花的果實幾乎一模一樣，就像牽牛花果實的縮小版呢。

諮商者1：哇，好神奇！外觀很像戒指。天啊、天啊！那個是種子嗎？

諮商師：對，之後成熟了就會變成褐色。但是種下種子的話，會冒出跟絲線一樣的芽，接著開始慢慢地纏繞，然後藉由氣味尋找有宿主植物的地方，包覆住那個植物。

諮商者1：哇，好神奇！

諮商師：之後根部會斷掉，因為它並不需要根。養分都從宿主身上獲取，就這樣延伸藤蔓，把旁邊的其他植物也抓來吃。

諮商者2：這樣一看，看起來很美。好美！

諮商者1：顏色真的很美。

諮商師：在平原菟絲子實際生長的地方，像是田地或雜草蔓生處，它的存在有如蜘蛛網，所以人們不會留意觀察，但是我們周圍真的有很多。

諮商者1：真的好有趣。

諮商者2：不過，妳為什麼帶這個植物來這裡？

諮商師：為了拿給大家看呀。大家聽到說明的話，不是會覺得很神奇嗎？這種植物在我們周遭真的很多。聽過解說再留意觀察的話，下次就會在路邊注意到它了。

我手臂上的這個是優點，那個是缺點
（植物觀察記：澤八仙花）

諮 商 師：你們知道這是什麼花嗎？

小朋友1：不知道。

小朋友3：好像在哪裡看過。

諮 商 師：你們應該很常看到。這個本來是藍色的。

媽　　媽：繡球花。

諮 商 師：對，這是繡球花類的，是澤八仙花。本來長這樣，現在變成綠色了。

小朋友3：媽媽，妳看看繡球花的照片！是紫色的。

諮 商 師：對，我們熟悉的繡球花就是那個，只有一個大花朵。裡面有很多小花的是澤八仙花。

小朋友1：切開之後，出現了這個！

諮商師：跑出種子了嗎？真的呢！

媽　媽：是花謝之後結果了嗎？

諮商師：沒錯。現在花謝了，果實尾巴只剩下雌蕊。看到冒出來那三個小小的東西了吧？尖尖的。

媽　媽：看到了。

諮商師：邊邊的大花是假花，所以沒有雌蕊、雄蕊。

小朋友1：咦？假的？

諮商師：裡面的小花才是真花。

小朋友3：那樣的話，假花是葉子嗎？還是類似葉子的東西？

小朋友1：可是為什麼真花身上還掛著假花？

諮商師：像這樣邊緣有大大的假花的話，花群看起來是不是更大了？繡球花和澤八仙花不一樣，只有假花，所以更加顯眼。但是因為全是假花，所以繡球花沒辦法長出果實。

媽　媽：啊啊。

繡球花 *Hydrangea macrophylla* subsp. *serrata*

小朋友3：為了好看？那澤八仙花會長果實？

諮 商 師：對啊，澤八仙花會長果實。繡球花是人工培育的，沒有種子，所以想要讓它繁殖的話，必須切掉莖部來種。不過，澤八仙花的果實裡有種子喔。

小朋友1：哇！這樣一弄就跑出來了耶。

小朋友3：感覺植物只有優點。

諮 商 師：感覺只有優點？好棒的稱讚！

繡球花 *Hydrangea macrophylla* subsp. *serrata*

小朋友1：老師，我手臂上的這兩個點點，這個是優點，這個是缺點。

諮商師：這樣啊？優點比較小呢？（笑）我想到以前有個畫家的手臂上也有個點，某個小朋友問說：「這是什麼？」結果畫家說：「這是善良的人的象徵。」

小朋友2：善良的人的象徵？我沒有點點，雖然這個也能勉強說是點點。

諮商師：這樣就很好啦。

小朋友1：我爸爸說這個點點和這個點點是被炸醬麵濺到的。以前我們去中華料理餐廳點了炸醬麵來吃！攪拌的時候醬汁濺出來，爸爸要我擦掉，但是擦不掉，變成了點點。

諮商師：真的嗎？

小朋友1：那是傳說啦。

小朋友3：我爸爸很幽默是好事，但是太幽默了也是個問題。

小時候就知道的話，該有多好？

（植物觀察記：白孔雀花）

諮商師：一起來看看吧？白孔雀花是菊科！花長得和向日葵或菊花一樣。

諮商者：都好類似。

諮商師：沒錯，全部都是菊科。我們不是都說「一朵」菊花嗎？但是這個不只一朵，而是好幾朵聚在一起的樣子。

諮商者：原來如此，我第一次知道。

諮商師：是的，所以雖然很像一朵花，但其實是花束。要不要把花撕開來看看？雖然有點殘忍，但是你可以撕看看，像這樣撕開。

諮商者：哦，這樣撕開。

諮商師：邊緣的花和裡面的花長得不一樣，對吧？小的要用放大鏡來看。

諮商者：有尖尖的東西。

諮商師：邊緣的花應該長得很像海芋。

諮商者：好神奇！真的很像海芋耶。

諮商師：如果我們要拿花來占卜，一邊摘花瓣一邊說「愛」「不愛」的話，那就必須挑選花瓣一片一片分開的離瓣花。牽牛花之類的合瓣花就沒辦法拿來占卜。

諮商者：啊！

諮商師：很多人誤以為菊科的每一朵花可以像這樣單一分開，所以能用來占卜。但是看起來像花瓣的這一片片其實是花，是跟海芋一樣的合瓣花。所以嚴格說起來，菊科花是一整朵的，沒辦法拿來占卜。這個花中間冒出來的那兩個是雌蕊柱頭。

諮商者：啊，冒出來的部分嗎？

諮商師：對，而且把合瓣花切開的話，底下的那些是雄蕊。你找到了嗎？

諮商者：哦？哇！原來如此。哇！好神奇。

諮商師：更神奇的是，五個花藥長得像長長扁扁的熱狗，依附在兩邊，排得圓圓的，所以看起來很像吸管，而雌蕊從中間穿透出來。

諮商者：太神奇了，好可愛。

諮商師：你好像覺得很神奇？（笑）像這樣接觸植物的話，應該會更能享受畫畫的樂趣。

諮商者：啊，我第一次知道這種東西。如果小時候早一點知道的話，該有多好？

種花種出一片天地？

（植物觀察記：闊葉山麥冬、狼尾草、升馬唐）

諮商者：啊，這個好像很常看到，是什麼呢……？

諮商師：這是闊葉山麥冬。你聽說過闊葉山麥冬嗎？

諮商者：沒有，闊葉山麥冬？

諮商師：我們的周圍很多，它很常被種在市中心，是跟爬牆虎一樣成功讓市中心綠化的植物。它是單子葉植物，葉子像這樣是平行脈。你還記得網狀脈、平行脈嗎？

諮商者：啊，是。雙子葉植物、單子葉植物。

諮商師：拿這邊的放大鏡近距離觀察看看。

諮商者：啊，近看好美。

諮商師：看看花的背面，沒有花萼。因為沒有花萼，所以花瓣看起來是六個。

諮商者：啊，對耶。

諮商師：人們無法辨別花萼和花瓣，往往不知道應該怎麼稱呼，所以就不叫它花瓣或花萼，乾脆統稱為花被。

諮商者：花被？

諮商師：對，你用放大鏡看，雄蕊也是六個。中間白色的是雌蕊。所以小花瓣三個，大花瓣三個，是三的倍數。三倍數是許多單子葉植物的特徵，所以不用把花切開也能知道裡面有三個雌蕊。

諮商者：太神奇了！

諮商師：不知道你幾歲，你知道以前有一部叫做《菊熙》的韓劇嗎？

諮商者：知道。（笑）

諮商師：菊熙一開始不是種闊葉山麥冬，白手起家嗎？

諮商者：那個不是製作糕點的電視劇嗎？

諮商師：好像是菊熙還小的時候吧？有一幕是她成功種植藥材闊葉山麥冬的畫面。有一種植物比闊葉山麥冬再小一點，花色鮮豔，小小的。長得跟闊葉山麥冬很像，葉子也更薄一點。那個是山麥冬。

諮商者：這是什麼？

諮商師：這種植物叫做狼尾草。狼尾草，一起來看看吧？

諮商者：它的名字……（笑）這個真的很常看到，這個也是。

諮商師：那個是升馬唐種類。小時候我會把它做成雨傘的模樣來玩，你試過嗎？

諮商者：沒有。（笑）

諮商師：你沒試過？我看你的年紀好像跟我差不多，我在很鄉下的地方長大，所以常常玩這種遊戲。像這樣摘掉一條，把剩下的綁起來。

諮商者：好。

諮商師：弄成傘骨的樣子之後，一邊喊「雨傘！」一邊上下動，開開合合這樣玩。

諮商者：啊，嗯。（笑）

諮商師：你怎麼笑成這樣？看來只有我小時候會這樣玩。（笑）

悼念被趕出家門的植物

諮商者1：在家裡是不是很難把植物種好？植物病懨懨的話，大家就會把它拿到外面。

諮　商　師：我昨天也拍了那種植物的照片。那是熱帶植物，所以冬天應該會死光光。太令人難過了，其實植物的主人不太清楚狀況就拿到外面放了。

諮商者1：沒錯，因為是國外的植物，所以照片看起來也很稀奇……我們社區的肉鋪老闆很喜歡植物。店門口放滿了植物，多到不知道那是肉鋪還是花店。有一次，我問他哪來這麼多的植物，他說鄰居種得不好就全部送給他，結果就變成這樣了。

諮商者2：哇，是間做好事的店呢。

諮商者1：但問題就是冬天。老闆知道到了冬天的話，植物會撐不下去，所以把植物拿到室內放。但是直接收進來的話又太大，所以必須全部修剪好再放到室內。真的剪到只剩下一點點。

諮商者2：那也沒辦法啊，還是要拯救生命。

諮商者1：是啊，是沒辦法，但這真是……

地錢 *Marchantia polymorpha*

國家圖書館出版品預行編目資料

鄰居的植物諮商室：聊植物，談人生，竟找到最溫柔的撫慰／申惠雨 著；林芳如 譯．-- 初版．-- 臺北市：先覺出版股份有限公司，2023.02
288 面；14.8×20.8 公分 --（人文思潮；162）

ISBN 978-986-134-448-5（平裝）

1. CST：植物學　2. CST：通俗作品

370　　111021311

圓神出版事業機構　先覺出版社

www.booklife.com.tw　　reader@mail.eurasian.com.tw

人文思潮 162

鄰居的植物諮商室：聊植物，談人生，竟找到最溫柔的撫慰

作　　者／申惠雨
譯　　者／林芳如
發 行 人／簡志忠
出 版 者／先覺出版股份有限公司
地　　址／臺北市南京東路四段 50 號 6 樓之 1
電　　話／（02）2579-6600・2579-8800・2570-3939
傳　　真／（02）2579-0338・2577-3220・2570-3636
副 社 長／陳秋月
資深主編／李宛蓁
責任編輯／李宛蓁
校　　對／李宛蓁・朱玉立
美術編輯／蔡惠如
行銷企畫／陳禹伶・朱智琳
印務統籌／劉鳳剛・高榮祥
監　　印／高榮祥
排　　版／杜易蓉
經 銷 商／叩應股份有限公司
郵撥帳號／ 18707239
法律顧問／圓神出版事業機構法律顧問蕭雄淋律師
印　　刷／國碩印前科技股份有限公司
2023年2月 初版

이웃집 식물상담소
（Botanical Counselor on Your Next Door）
Copyright © 2022 by 신혜우（Shin Hye Woo，申惠雨）
All rights reserved.
Complex Chinese Copyright © 2023 by Prophet Press
Complex Chinese translation Copyright is arranged with Dasan Books Co., Ltd through Eric Yang Agency

定價 440 元　　ISBN 978-986-134-448-5　　版權所有・翻印必究

◎本書如有缺頁、破損、裝訂錯誤，請寄回本公司調換　　Printed in Taiwan